SPRING
water

だから僕は大人になれない

はじめに

多くの仕事が機械になりかわる昨今、ひとつだけ感謝をしていることがある。

それはセルフレジの導入だ。偉大な発明が僕の生活を救ってくれた。

買い物に行くのが億劫だったというのもあるが、店員さんと話すのも嫌なくらい僕は極度の人見知りなのである。

さらに言えば、引きこもり体質だ。1ヶ月以上、外に出ないこともざらにある。

新型コロナウイルスの感染が広がり、各地で外出自粛が叫ばれる中、僕は自粛のスーパーエリートと呼べるだろう。

ありがたいことに、外出しなくても生活することができている。

家でもできる仕事、ゲーム実況者が僕の職業である。

普段は、〝日常組〟という僕を含めて4人のグループで活動している。グループに所属しているというと人見知りではないように聞こえるかもしれないが、僕はもうゲーム実況者として10年以上活動している。日常組のメンバーである「クロノアさん」、「しにがみくん」、「トラゾー」ともすでに長い付き合いなので、グループ内で僕の人見知りは発動しない。

僕ら日常組を知らない人のために説明しておくと、普段は『マインクラフト』というゲームの実況動画をYouTubeに投稿している。マインクラフトは、ゲーム内でものづくりや冒険ができたり、対戦もできたりする遊び方が無限大のゲームだ。僕たちはこのマインクラフトを使って、日常組でいろんな企画をして配信している。

この本には、僕の生い立ち、変な癖、人見知り記録から30kgダイエットの話、日常組誕生秘話、そして活動休止の理由、僕の初の短編小説など余すことなく書いた。僕を知らない人でも楽しめるように精いっぱい書いたので、ぜひ最後まで楽しんでほしい。

CONTENTS

CHAPTER 2

解散…そして日常組爆誕

CHAPTER 3

俺たちの青春はこれからだ

CHAPTER 4

引きこもり、今日も家にいます

デザイン …… APRON（植草可純、前田歩来）
カバーイラスト …… Utomaru（THINKR）
本文イラスト …… みずの紘
DTP …… アーティザンカンパニー
マネジメント …… 冠就人
校正 …… 鷗来堂
編集協力 …… 山岸南美
編集 …… 宮原大樹

CHAPTER 1

だから僕は大人になれない

1

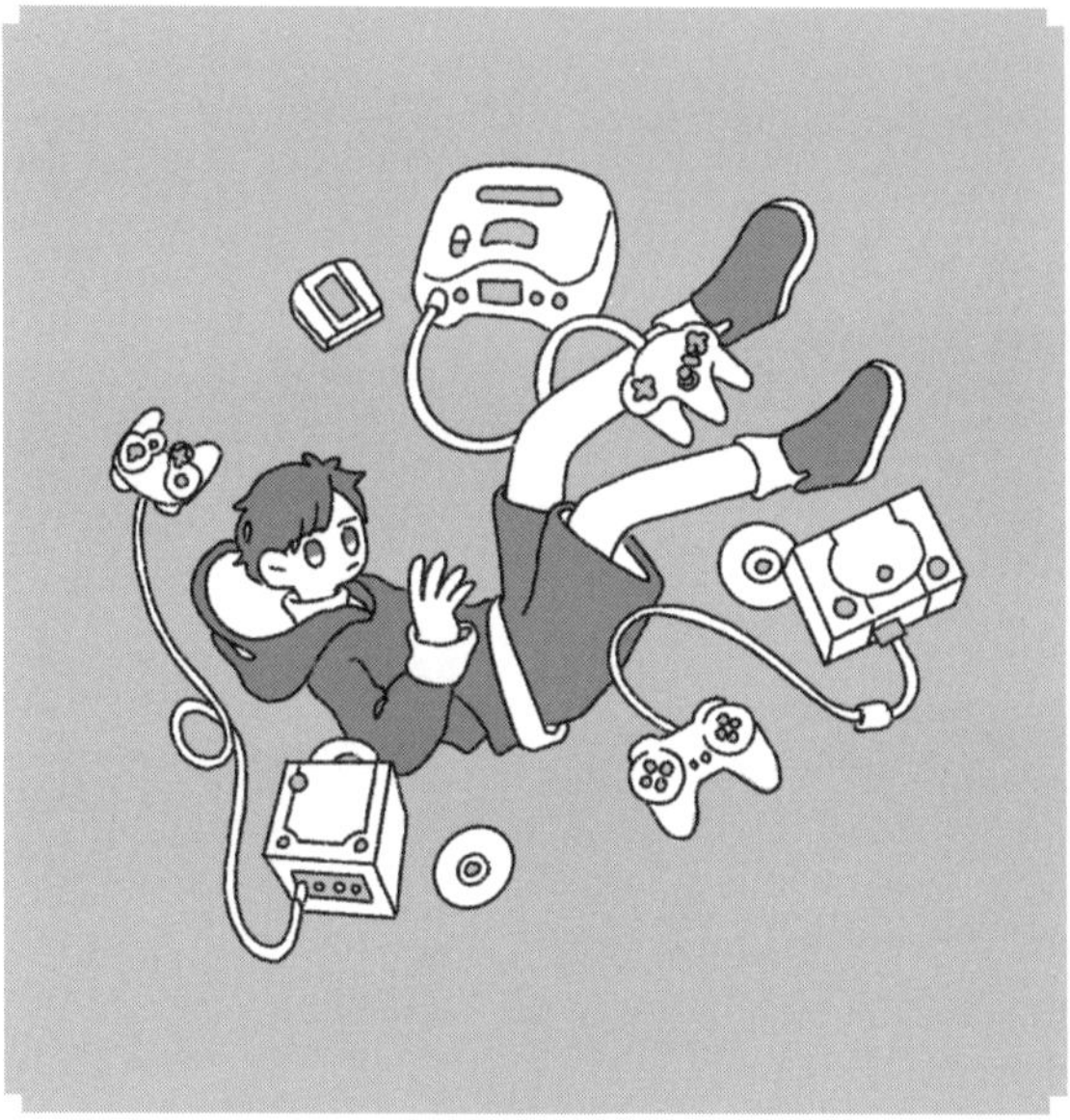

僕にゲームをください

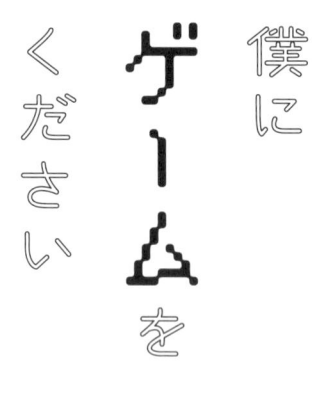

僕は、今でこそゲーム実況者として活動しているけど、小学1年生くらいの頃は人よりもゲームに触れる機会が少なかった。両親に「ゲームが欲しいんだけど‼」と言っても返ってくる言葉は「ダメ」の一言。あまりにも反対されるものだから、当時は、「うちにはお金がないのかもしれない……」と本気で思っていた。

友だちの家に遊びに行けば、PlayStationや、NINTENDO64、ゲームキューブ、ゲームボーイアドバンスといったゲーム機があって、とてつもなく特別な物に見えた。冗談抜きで、ゲーム機のまわりがキラキラ輝いて見えた。

みんなで一緒にゲームをするときは楽しい。だけど、心のどこかでは羨ましい気持ちもあって、「このゲーム面白いよな！」っていうまわりの会話に入れないことがちょっとだけ切なくて。ゲームが手に入らない不満よりも、ゲームっていう共通の話題がないことで、友だちとの距離がどんどん離れていくような気がしてすごく怖かった。

そんな気持ちを抱えていた僕が、初めて自分のゲーム機を手に入れたのは小学

3年生の頃。忘れもしない……あれは誕生日のこと。「ゲームボーイアドバンスSPが欲しい‼」と両親に何度もねだり、やっと買ってもらえることになった。ワクワクしながらプレゼントの包み紙を開けると、そこには夢にまでみたゲームボーイアドバンスSP‼　僕のテンションは爆上がりした。これでやっと友だちにゲームの話で置いていかれることはない、という安心感もそこにはあった。

しかし、ここでひとつ問題が発生。プレゼントの中には、本体だけでソフトらしきものが見当たらない。なんてことだ。今振り返れば、なんてかわいそうな子どもなんだと思う。実際、当時の僕も「このままじゃゲームができないじゃないか！」なんて思ったけど、そんな心配も、ゲーム機の電源を入れた瞬間に吹き飛んだ。画面にゲーム会社のロゴが浮かび上がるだけで「おぉっ！」と歓声をあげた。ソフトがない状態なのに、こんなにワクワクするなんて……ソフトを買ったら僕はどうなってしまうんだ、なんて思ったり。こんな感じで、ゲーム機本体だけで有頂天だったから、ソフトがないことなんて大した問題ではなかった。むしろ、ソフトを手に入れた後の興奮を想像しているのも楽しかった。

子どもの発想力はたくましい。「もしかしたら、なにか隠しコマンドが用意されていて、ソフトを入れなくてもミニゲームができるんじゃないか」なんて思いながら、ただひたすらAボタンとBボタンを連打する毎日。結局、ソフトが手に入るまでに1ヶ月以上かかったけど、僕はロゴしか流れないゲーム機を眺めては、うっとりとしていた。

2

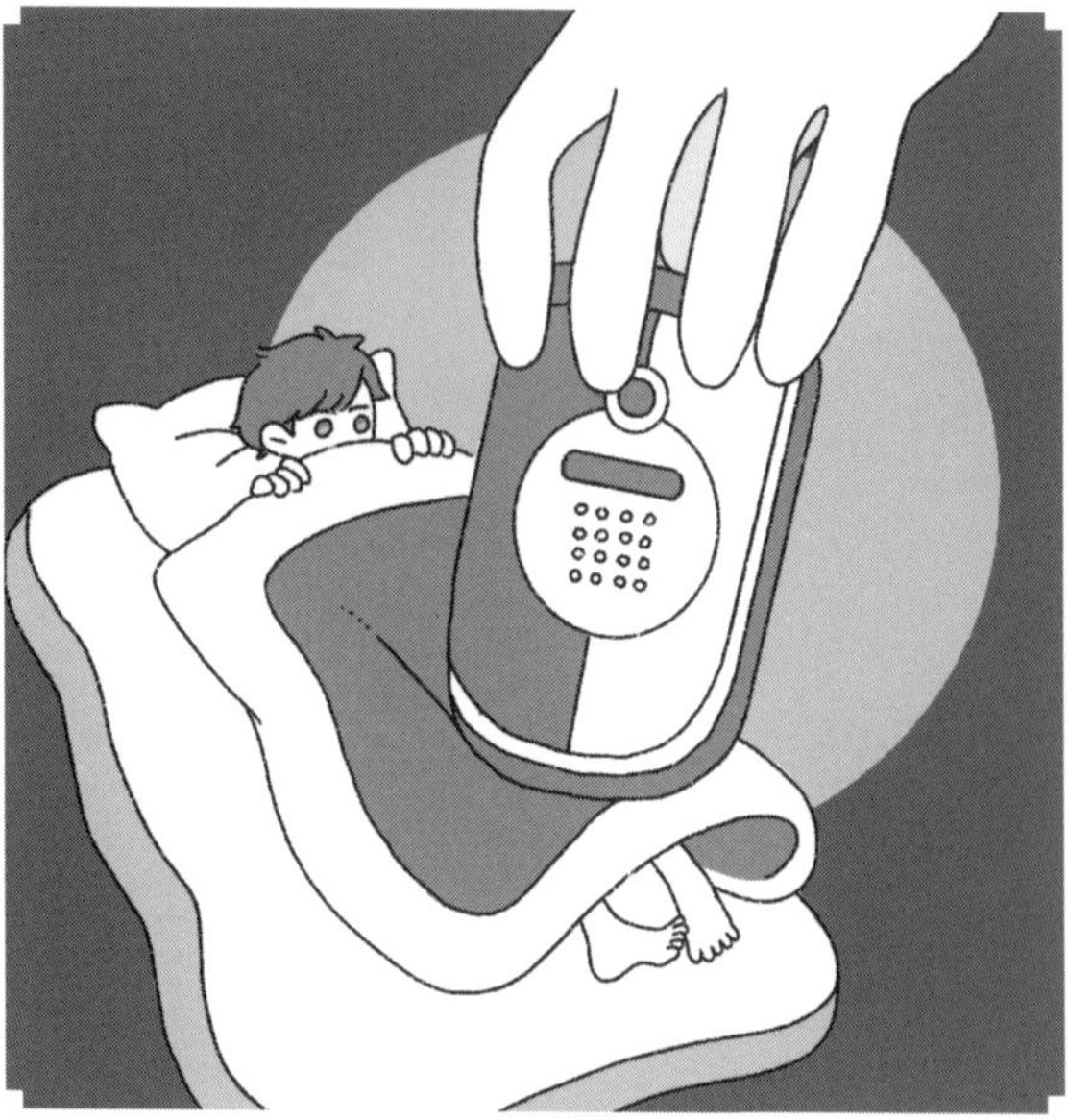

幼なじみとの別れがくれたもの

両親が僕にゲームを買ってくれたタイミングは、ちょうど僕のまわりから大切な人が次々と離れていった時期だった。小学1年生から3年生の頃にかけて、僕はIちゃんという女の子と、Sくんという男の子と3人でよく遊んでいた。僕にとって、親友と呼べる数少ない友人だった。

しかし、Iちゃんがご両親の仕事の都合で沖縄へと引っ越すことになり、その直後にSくんが同じ理由で福井へと引っ越すことになった。「また連絡するね」と言い合って最初のうちは電話もしていたけど、そのうちに環境が変わって連絡を返すことがなくなってしまった。

この時期の僕は、友だちがいなくなった不安が大きくて、ただ静かに毎日を過ごしていた。仲良くしていた友だちがいなくなった寂しさを埋めるものはなくて、ただボーッとしていたらしい。家族ぐるみで交流があったから、両親にも僕が落ち込んでいるのは伝わっていたのかもしれない。

両親から「ゲームを買ってあげる」と言われたのはそんなときだった。当時の僕はそんなこと考えもしなかったけど、今思い返せば両親は僕が落ち込んでいるのを知って、ゲームを買ってくれたのかもしれない。……ソフトは買ってくれなかったけど（笑）。

でも、何かに熱中している間は寂しい気持ちに浸らなくて済むし、実際にゲーム機のボタンを連打する毎日は、今こうして語れるくらい良い思い出になっている。

この頃、僕に与えられたのはゲームだけではなかった。少し話は変わるけど、父さんは僕が小さい頃から夜勤や単身赴任をしていて、生活の中で一緒に過ごす時間が少なかった。だから、あんまり父さんと話すのは得意じゃなかったし、休みの日に家にいると何を話したらいいのか分からなくなってしまうような関係だった。

そんな父に、僕は小学3年生の頃「携帯が欲しい」と勇気を振り絞って話しかけることに成功。ちょうど、Sくんの引っ越しが終わった頃だったと思う。

親友と離れて、連絡できるツールが欲しいと思うのは当然の流れだった。父からの返事はあんまり気持ちのいいものではなくて、その場ははぐらかされて終了した。

夏休みのある日、一人でおばあちゃんの家に泊まりに行ったときのこと。寝ている僕の枕元に携帯を持った父さんが仕事着姿でヌボーッと立っていた。仕事でいるはずのない父さんが、枕元に立っているのを想像してほしい。シンプルに震える。チビる。その姿はまるでアニメのラスボスのようだ。もしかしたら目からビームが出るのかもしれない。

そんな恐ろしい妄想に反して、父さんは僕にキッズケータイを渡し静かに部屋を出て行った。これも、今振り返れば両親が僕の寂しさを少しでも和らげるためにしてくれたことなのかもしれない。

3

岩に隠した晩御飯

小学生の頃、晩御飯は家族みんなで食べるのが当たり前だった。ラスボスみたいな父とも、このときばかりは顔を合わせる。

18時になると、食卓には母が作ったホカホカのおかずたちが並び、「ご飯できたわよ」なんて声をかけられて、家族が集まって自分の定位置に座りはじめる。

でも、小学生の僕にとって、この「ご飯できたわよ」は戦いのゴングでもあった。子どもはみんなそうなのかもしれないけど、この頃の僕は少食で、盛られたご飯を完食するというミッションは、よっぽど調子が良くないと達成できなかった。

無理矢理ご飯を口に押し込んで達成できる日はまだいいけど、調子が悪いときは本当に入っていかない。ただお茶碗に入ったご飯を箸で移動させるばかりで、一向に減らない。

食べられないなら残せばいい、と読んでいる人は思うだろう……。しかし、僕の家でそれは許されなかった。食べるペースが遅いと、父は「食べ終わるまで外で食べなさい」と静かにつぶやいた。そう言われると本当に外に行かないといけない。

おぼんに食べきれなかったご飯を載せて外へ出ると、肌寒い日は太陽が沈んで薄暗い。ホカホカだったはずのおかずも冷えて、ひとり寂しくご飯を食べるのが、当たり前の毎日だった。

寒くなってくると、箸を持つ手も震え、ご飯を食べるどころの話じゃない。あるとき、庭にあった岩を見て僕はひらめいた。早く部屋に戻りたい一心で、僕はその岩に冷え切った晩御飯をそっと隠し、何食わぬ顔で帰ったことがある。良い子は真似しちゃダメだよ?

あの頃、家の近所に住んでいた虫や小動物には感謝されても良いくらいだ。そのくらい、あの岩陰に晩御飯を突っ込んだんだから。いつか、「あのときの猫です」なんて機織りしてくれないかな……なんて妄想がよぎったけど、僕の家には機織り機がないや。

僕は20歳を過ぎるまで、みんなも同じように育ってきたんだろうと思っていたけど、どうやら違うらしいじゃないか。友だちに何気なくこの話をしたら、若干……いや結構引かれた。「なんでそんなに厳しいの？」って言われたけど、僕の中では当たり前の生活だった。

普通とは違うと気がつくまでに時間がかかったのにはちゃんと理由がある。通っていた保育園でも、昼食が食べきれないと給食準備室に連行され、給食のおばちゃんの前で食べるということがよくあった。給食準備室には巨大な冷蔵庫があって、給食のおばちゃんに「冷蔵庫に入れてやろうか……？」と言われ、恐怖に震えたこともある。

最近ではないらしいけど、昔はそういうきまりがあったんだ。みんなが外で遊んでいるのを見ながら、ご飯を食べなきゃいけないのって思っているよりもつらい。仲間外れにされたような感覚が僕を襲う。僕だって遊びたいのに、冷えたご飯がそれを許してくれない。

だから、「あぁ、そういうものなんだな」と思っていたし、ご飯が食べきれないのは許されないことなんだって受け入れてたんだと思う。

4

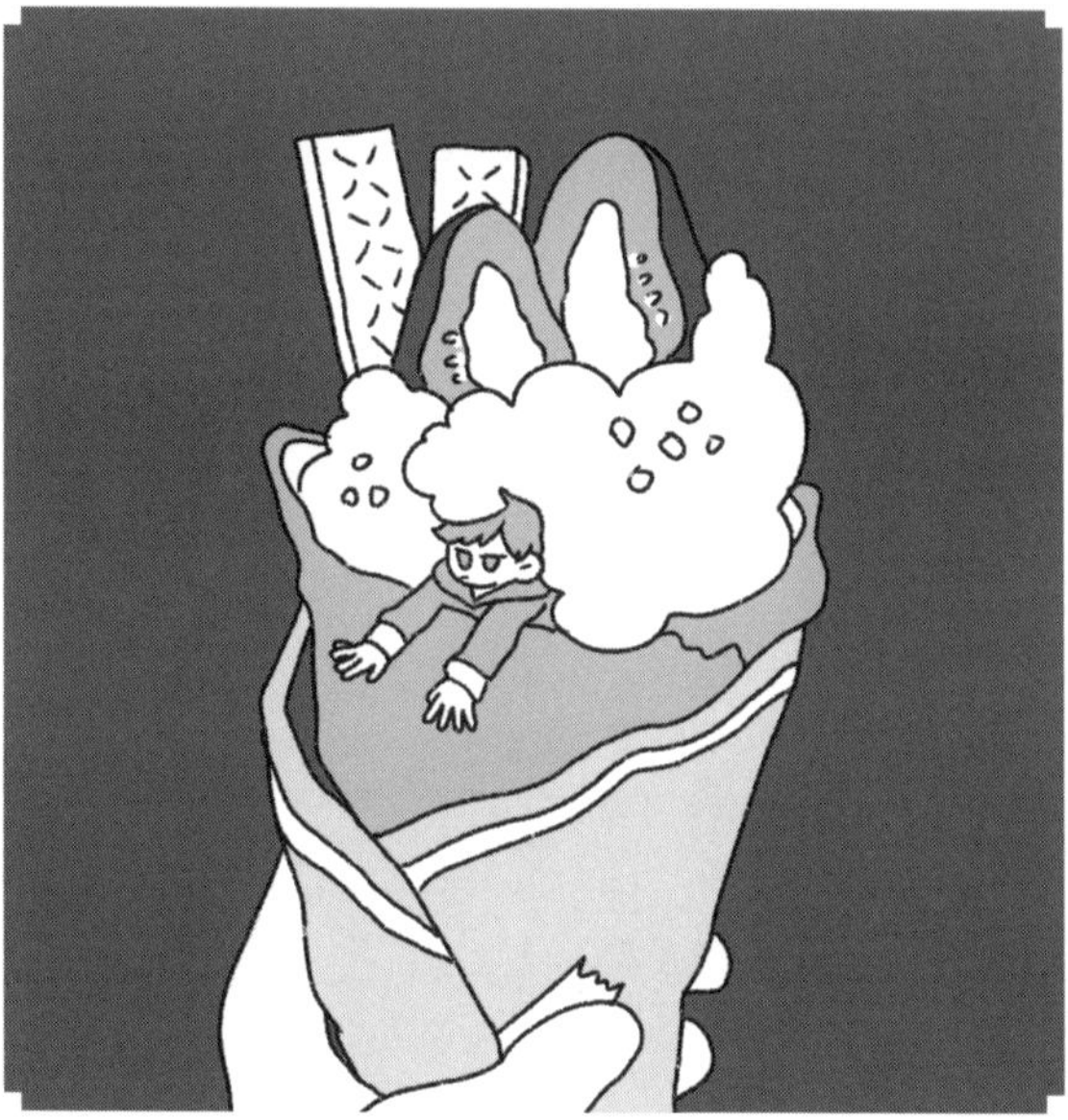

来世で食べましょう

子どもの頃は甘いものが好きで、アクエリアスに砂糖やグラニュー糖を溶かして飲んでいた。溶けきらなくて、ジャリジャリとした食感が残るくらい入れるのが僕のおすすめポイント。甘いってだけで、なんであんなに美味しく感じるんだろう。

これまた小学3年生の頃、父が仕事から帰ってきて「仕事を辞めてきた。これから父さんはクレープ屋をやることにした」と、いきなりの転職宣言をかましてきた。「なんでいきなりクレープ屋?」なんて疑問は浮かんだけど、ラスボスにそんなことを聞くのは愚かである。

僕の知らないところで、退職する前にちゃっかりクレープ屋の研修まで受けていたし、辞めてきたと事後報告されたとあっては止めることなんてできない。ましてや小学生の子どもだしね。

クレープ屋を始めてから、父は単身赴任するようになって、母はたまにその手伝いに駆り出されるようになった。母は抱えきれないほどのクレープを持って帰ってきて、常に冷蔵庫はクレープでパンパン。

それからは、朝食がクレープになり、おやつがクレープになり、夕食にまで侵食することもあった。もうどこを見てもクレープじゃないか。

これを読んでいる人の中には「毎日クレープが食べられるなんて羨ましい！」という人もいるかもしれない。でも、もしそんなふうに思っているなら、今からでも遅くはない。考えを改めてくれ。マジできついから。

いくら砂糖を溶かしたアクエリアスを飲んでいた僕でも、朝から甘いものを食べるのは正直しんどい。最初のうちは良かったけど、そんな生活が1ヶ月も続いたら、僕、前世でなにかしましたか？ってくらいの苦行になってくる。

ツナやハムが入ったクレープがまず最初に消えていき、次にアーモンドチョコやホイップクリームがたっぷり入ったものが消費されていく。最後に残るのは、いつもプリンが丸々1個入ったヘビー級のクレープだったのを覚えている。あいつは厄介だった。

この生活は4年くらい続いたけど、またもや父の「クレープ屋を辞めようと思う」という突然の宣言で終わりを迎えた。

僕はあれからクレープを食べようと思ったことは一度もない。よく、学校の帰り道にクレープを買い食いしている人を見たけど、僕はしたことがないし、きっとこれからもしない。だけど、その分他の食べ物に触れる機会が増えたので、悪いことばかりではない。

僕は一生分のクレープを食べたから、次に食べるのはきっと来世になることだろう。

5

改造欲が止まらない

昔は物を作るのが好きで、小学5年生くらいの頃は地元に工作などが体験できる施設ができてから、週末の度に通っていた。暗くなったら点灯するライトを作ったときに、初めてはんだごてを使ったけど、これが楽しくて仕方なかった。溶かしたはんだが冷えて固まるときの気持ち良さ……これがたまらない。意味もなく何度も溶かしては冷やす、という作業をひたすらやっていた。

きっと、今ゲーム配信者をやっていなかったら、僕は今頃はんだごて職人だったかもしれない。……いや、はんだごて職人は限定しすぎたけど、何か物を作るような仕事をしていただろうなと思う。

物を作ると、どうやって動いているのかを知ることができるし、そのおかげで、自分の身のまわりにあるものの動作する仕組みや構造などに興味を持つことにもなった。

小学生のときに感じた物に対する探究心は、高校生になっても収まることはなかった。当時、僕の身近にあったのは仮面ライダーの変身ベルト。ドライバーを片手に外側のフタを外してみると、その中には小さな部品がたくさん並んでいた。

こんなにたくさんの名前も分からない部品で、僕の仮面ライダーベルトから音が出ているんだ、と思うとなんとも言えない気持ちになった。それは未知との遭遇。興奮と好奇心、知識欲のすべてを刺激する魔法の箱だった。

最初のうちは、分解しては元どおりに組み直していたけど、そのうちに「違う部品とくっつけたらどうなるんだ？」と僕の想像力は膨らんでいった。分解の途中に、今まで聞いたことのない音がすると、「もしかして隠しボイスがあるんじゃね⁉」と興奮した。部品を全部元どおりにしなくても動くと知ったときには「なんでネジが足りないのに動くんだ！」と思ったりもしたけど、それに関しては今でも理由は分からない。

分解に慣れてくると、珍しい部品があることにも気づくようになった。それは、大人になった今でも大事に取っておいてある。たまに取り出しては、じっと眺めて「ふふっ」と笑うためだけの部品だ。どうか、気持ち悪いなんて思わないでほしい。世の男子はこの道をだいたい通ってきているはずなんだから。……え、みんな通ってるよね？

こうして犠牲になったおもちゃは数知れず、両親からは「物を大事にしないんだから！」とよく怒られた。でも違うんだよなぁ。自分の中では、分解するのは遊び尽くしたおもちゃだけって決めていたし、もう遊ばないおもちゃを分解して知識欲を深めるのは、最後まで使い切ったとも言える。携帯とかＰＣは分解しないように我慢したし、その辺の理性は僕にだってありますよ。

6

困った拾い癖

僕には、ちょっと変わった癖がある。足元になにか落ちていると、特に意識することもなくスッとポケットに入れてしまうのだ。だから、常に僕のポケットは飴や目薬、どこで拾ったか分からないもので膨らんでいる。

今でも、ポケットがない服を着ると落ち着かないし、そういう服は買わないことにしている。それくらい、ポケットは僕にとって大切なものだ。

この癖のせいで、僕は一度ひどい目にあったことがある。僕の家ではお小遣い制が導入されていなかったこともあり、お金がすごく貴重だった。おばあちゃんの手伝いを必死にして、手に入れた30円を握りしめて駄菓子屋に向かったときのこと。飴をひとつ買おうと思って「おばちゃん、これいくら？」と聞くと、おばちゃんは「それは10円だよ」と言いながら僕のことをチラリと見た。そのとき、ちょうど僕は床に落ちていた飴を見つけて、スッとポケットにしまい込んでいたのだ。落ちている、と意識して拾ったわけじゃない。手が勝手にポケットへ吸い込まれていくのだ。

目を見開いたおばちゃんを不思議に思いながら、僕は10円を手渡そうとした。

すると、「あんた、今盗んだね！」とすごい形相で睨まれて、小学校に連絡されるほどの大ごとになってしまった。大ごと、と書いてしまったけど当たり前の話だ。

一応、幼い僕の名誉のために言っておくけど、本当にそんなつもりはなかった。いや……まぁそんなこと通用しないのも分かっているんだけど、無意識すぎて気をつけようがないというのが当時の僕の本音だ。

小学校から連絡がいって、母は職員室に呼ばれることになった。先生から一通り説明を受けた母は「ご迷惑をおかけしました」と先生に頭を下げて、申し訳なさそうに謝っていた。

その姿を見たときに初めて、僕はとんでもないことをしてしまったんだと、子どもながらに感じ取った。母の運転する車に揺られながら、「帰ったら絶対に父さんに怒られる」と思い、僕は自分のややこしい癖を呪った。

自宅の駐車場までの道中、「頼むから父さんの車がありませんように」と願ったが、僕の想いに反して父さんの車が停まっているのを発見。

家に入るやいなや暗い部屋の中で父の説教が始まった。そして、ついに父は僕に向かって「いいか、今からお前を叩くからな」と静かにつぶやいた。僕は、恐怖に震え泣き出しそうになりながら、ギュッと目を閉じた。だけど、僕に振り下ろされた手は、頭の上に優しくポンッと触れただけで、すぐに離れていった。

父は、ポケットに物をしまい込む癖だと分かっていたんだろうか。本当のところは分からない。だけど、どう見たって僕が悪い状況で、父だけは僕のことを責めなかった。優しく触れたあの手に、僕はちょっとだけ救われたような気持ちになった。

後悔していることは？と聞かれたら、間違いなく僕はこの日を挙げる。でも、思い出してみると後悔だけじゃない、あたたかい感情が広がっていくのを感じるのだ。

7

究極のあまのじゃく

昔から、僕は特別でありたかった。普通なんてつまらないって気持ちがあったし、まわりの人と同じことをするのは興味が持てない。それは小学生のときに使っていたランドセルからも読み取れる。

今でこそ、たくさんの色から選べるようになったけど、僕が小学生の頃は赤か黒以外のランドセルを使っている子は少なかった。まわりの子が赤か黒のランドセルを背負っている中で、僕が選んだのは青だった。これは、結局のところ目立ちたいって気持ちが強かったからだと思う。

ゲームを選ぶときも、まわりの友だちがポケモンに取り憑かれている頃に、僕は『スクリューブレイカー轟振どりるれろ』というゲームにドハマりしていた。名前を聞いただけではどんなゲームか見当もつかない。そういうところも特別感があって理想的。

しかし、このゲームの真価はそこじゃない。僕が一番魅力に感じていたのは、画面の揺れと連動してゲーム機本体がブルブルと震えるところだった。当時、本体が揺れるゲームなんて僕のまわりに持っている人は皆無。「コレだ！」と思って親に頼み込んで買ってもらうことに成功した。

もちろん、僕だってポケモンが流行っていたのは知っていた。でも、自分だけがこのゲームを楽しんでいると思うと、それだけで特別になれた気がする。

今でも僕の根本には、人とは違うことをしたいという欲求があふれている。ゲームの技術が優れている人を見ると「スゴイな！」とは思うけど、不思議と同じようになりたいとは思わない。むしろ、その道にはすでに人がいるから、行くのはやめようという考え方になってしまう。

人のいない道へと進んでいくと、突拍子もない考えばかりが浮かんでくるから、最近の日常組の活動における企画会議でも独創性が爆発している。この話はまたあとで詳しく説明するとしよう。

CHAPTER 2

解散……そして日常組爆誕

1

パンドラの箱

小学生の頃、平日のど真ん中なのに「昨日ディズニーランドに行ったんだけどさ、結構空いてたよ」なんてしょうもない嘘をついたこともあった。冷静に考えれば、昨日も学校に来ていたんだから、できるわけないんだけど。それでも、一瞬の「え、すごいじゃん!」って称賛の声が欲しくて、とにかくピノキオ顔負けなほどに嘘をつきまくっていた思い出がある。

中学生になってから、僕はまわりの男友だちからいじられるようになってしまった。「平日にディズニーランドに行ったとか嘘ついてたよな」って笑われるようになったのが恥ずかしくて仕方なかった。

それに加えて、自分の見た目に対しても気になる部分が増えていった。いわゆる思春期だったのかもしれない。小学生の頃までは直毛だったはずの髪の毛が、中学生になって急にうねりはじめ、毎朝髪の毛と大乱闘を繰り広げることになった。「なんでこんなにうねるんだよ! 素直になれよ!」と鏡の前でイライラしては、うねりに負けてそのまま学校に行く。

父に似て体毛が濃い、というのも悩みのタネだった。「男性の体毛が濃いのを嫌う女子は多い」とテレビで知ってからは、半袖短パンになるのにも勇気が必要で、なるべく僕のことを見ないでほしいという気持ちが強くなっていった。

こうして、自分の見た目を学校でいじられたらどうしよう、という不安から、人にどう見られるのかを気にするようになってしまった。

いじられ気質、といえば聞こえはいいけど実際はもっとジメジメした関係だったと思う。正直、中学生の頃を思い出そうとしても、嫌なことばかりだったなとぼんやり思うくらいで、その詳細を思い出せない。僕にとってはすごく嫌な記憶で満たされているから、自分を守るために忘れたんじゃないかと思っている。

そんな中でも唯一覚えている嫌な記憶がある。修学旅行に行ったときに先生が撮ってくれた写真を廊下に貼りだし、希望する写真の番号を紙に書くと、あとで写真をもらえるシステムがあった。

廊下に貼りだされた写真を見てみると、僕の顔が写っているはずの場所に上からシールが貼りつけられていた。シールを貼った人は、きっと遊び半分なんだろう。でも、僕の心はものすごく傷ついた。

見た目を気にするようになっていたからこそ、顔にシールを貼られたことで、より一層まわりからどう見られているのかが怖くなった。僕の顔なんて見たくないってこと？　僕がこの写真に写っていなかったら良かったのにってこと？　人の気持ちを邪推しては、ただただ悲しくなった。

僕の性格は中学生の時期に変わった。

必要のない会話はなるべくしないように人と距離を取るようになったし、誰かと一緒にいても「この人は僕といて楽しめているんだろうか？」って思ってしまう。だから僕が会話するのは、先生から「誰かとグループ作ってください」と言われたときくらいだった。

小学生の頃は自分からぐいぐい話しかけられたのに、中学生になってから現在もなお、どうやって話を広げたらいいのかも分からない。拒絶されるのが怖いから友だちを作れないのだ。

2

妹を動画配信に巻き込んでみた

中学生になってPCに触れる機会が増えてからは、YouTubeを見る時間が増えていった。まだこの頃はキッズケータイでアクセス制限が厳しかったし、一度に再生できる動画に制限もあったから、見られる動画も少なかったし、見ていても途中で止まりまくっていた。快適に動画を見られない僕のストレスはMAX。それでも、面白くて夢中で画面にかじりついていた。

当時動画を見漁っていたとき、サンヘルプさんという実況者さんが『青鬼』というゲーム配信をしていて、それがめちゃくちゃに新鮮だった。現在のゲーム配信の形に近い動画を見たのはこのときが初めてだったかもしれない。もし僕が初めてゲームの配信をするなら絶対に『青鬼』をプレイしよう。そんな気持ちがフッと湧いてきた。

だけど、一人でゲーム配信をしてもなんだかつまらない。配信するとなると、会話も結構重要で、人見知りの僕には荷が重い。知らない人に向けて一人で話すなんて無理だ……。そんなとき頭の中に「僕には妹がいるじゃないか！」というひらめきが降ってきた。当時、『俺の妹がこんなに可愛いわけがない』というライトノベルが流行っていたから、「妹ネタいけるんじゃね⁉」と安易な考えから妹を動画に引きずり込むことにした。

妹のやる気は当然ゼロ。「何話したらいいの？」という問いのあとに流れる沈黙。「と、とりあえずゲームしよう」なんて誘ってみたけど、ただ無言でゲームをする時間になってしまった。そうだ、忘れていたけど僕の妹はクールで口下手な性格じゃないか！　これは完全なる僕の作戦ミスだ。

僕の妹がそんなに話せるわけがない。

しかし、妹だけが悪いわけではない。僕も実況中に風呂の掃除に行ったり、結構なグダグダ感を作ってしまった。当時は今のように編集技術もないし、ほぼ撮りっぱなしで上げていたから、「風呂掃除してくるわ」と言い残して部屋を去る僕の間抜けな後ろ姿もしっかりと残っていた。当時の動画に点数を付けるとしたら、甘めに見て１００点満点中10点が良いところ（笑）。

撮影中はすごくワクワクした。投稿してみんなに見られたら……なんて妄想は

１００回はしたし、一人ではしゃいでにやにやしていた。でも、そんな妄想は現実になることはなかった。初めて上げた動画の再生回数は５回。しかもその５回は僕が自分で再生した回数と同じ。そう、視聴者は僕しかいなかった。

高校１年生に上がるまで、こんな感じの低空飛行を続けていたけど不思議なもので動画を撮るのをやめようとは思わなかった。僕の中では、動画を撮るという時間がすごく好きだったし、動画を上げるのは「せっかく撮ったし一応上げとくか」ってくらいの感覚だった。

だから、視聴者が増えなくても楽しさは変わらなかった。きっと「視聴者がたくさん欲しい！」って気持ちで始めていたら、早々にリタイアしていたんだろうなぁ。

3

親友まいたけくんの悲劇

僕のゲーム配信欲に巻き込まれた犠牲者は他にもいる。それは、この項目のタイトルにもなっているまいたけくんだ。彼と初めて出会ったのは小学校で、今でも交流がある。

まいたけくんは小さい頃から僕のワガママに振り回されていた。昼放課の時間(※僕の住んでいる地域では、昼休みのことを昼放課と呼ぶ)に、「まいたけくん、今から僕のことをおんぶして！」と人工芝の上を走り回らせたこともあった。ゲームをするときには僕のやりたいものばかりに付き合ってもらったし、常に一緒にいるのが当たり前だった。

中学3年生の冬。クラスメイトが受験勉強に明け暮れる中、僕はまいたけくんに「一緒にゲーム実況しない？」とまた無茶な提案をしていた。それまで僕が撮ってきた実況動画を見せたら、なんと好感触。少なくとも妹よりは興味を持ってくれたように見えた。

元々ゲームが好きだったというのもあるのかもしれない。それまでも、土日になったら家で一緒にゲームはしていたから、ただ撮影しているという小さな変化しかなかった。

高校1年生になった頃、僕はホラーゲームにハマっていて、Ｗｉｉの『CALL-ING～黒き着信～』というゲームがやりたくて仕方なかった。一方、まいたけくんはホラー系が苦手。「絶対にやらない！」と断られたけど、一回断られたくらいで折れる僕ではない。なんなら、断られたところから勝負が始まるのだ。

僕はしつこく「絶対一緒にやったら楽しいからとりあえずやってみよ！」と誘いまくり、何度使ったか分からない〝一生のお願い〟を唱えて、ついにまいたけくんを攻略した。

2人でお金を出し合って買ったホラーゲーム。まいたけくんからしたら、自分がやりたくないゲームにお金を出したってことになる。自分だったらそんなことできないなぁ。僕って本当にひどいなぁ。

初めてのホラーゲーム実況は、思っていたとおり面白くて、まいたけくんはずっと画面から目を逸らしては「ぎゃあっ！」「もう無理！」と連呼していた。だけど、そのビビり散らかした反応も面白かったし実況動画は満足のいく出来だった。
　パート1の後編を撮ろうとしたとき、事件は起こった。まいたけくんが急に立ち上がって光の速さで土下座を繰り出してきたのだ。「もう本当に怖くて無理なんだ！」と半べそをかいているまいたけくんに「まあまあ、そう言わずにもう一回だけやってみようよ」と優しく声をかけて、また絶叫のループへと巻き込んでいった。

　僕は自分の好きなことや、やりたいことに対しては曲げられない性格で、まわりが見えなくなってしまうこともある。でも、この諦めの悪さのおかげで、前に進んでいくこともあるのだ。僕は相手を納得させるために、一生懸命ゲームの面白さを伝えるし、まいたけくんとやりたいんだ！って強い気持ちを分かってもらうための努力も怠らない。……そんなの言い訳だって言いたいですか？　いや、言い訳なんですけどね。

4

冷たい視線と流れる鮮血

実況を始めた頃、僕には自分だけの部屋というものがなかった。薄い仕切りが1枚しかない部屋を妹と使っていたから、実況中の声はいつもダダ漏れ。最初のうちはしぶしぶ動画に出てくれていた妹も、僕が高校1年生になったくらいで嫌気がさしたらしい。「声がうるさい」とか「一人で話してて恥ずかしくないの？」なんて言われることもあった。

まぁ、そう思う気持ちも分からなくはない。画面で見ている人は感じないかもしれないけど、本当に一人で話し、一人で笑い、一人でアホなことを言っているんだから。そんなのが自分の兄だったら、年頃の女子は恥ずかしいだろう。私には兄なんていない、と友だちに存在を隠していてもおかしくない。毎日のように隣から実況の声が聞こえてくるって、控えめに言ってストレスでしかないし。

だから、妹がだんだんと冷ややかな視線を向けてくるのも、仕方ないことだった。その頃は、ピリピリとした空気が僕たちの間には流れていて、ずっと冷戦状態が続くことになってしまった。関係が良くなったのは、僕が一人暮らしを始めたタイミングだった。この本を書くときにも「昔、どんなことがあったか覚えてる？」と相談したり、妹の恋愛相談相手なんかもするようになった！　ちなみに妹が大学に進学することになった際は、今まで迷惑をかけてきた分、大学の授業料やマンション代を支払ったりお兄ちゃんらしいこともしっかりさせていただいた。

少し話が逸れてしまったけど、当時は妹との関係も良くなかったし、両親との衝突も少なからずあった。あるとき、いつものように友だちと実況をしていた。誰かが静かに階段を登ってくる音が聞こえたかと思うと、その瞬間「パリンッ」とガラスが割れる音がした。部屋のドアについているガラスが粉々になって父の足元に散らばっているのを確認した僕は、そのとき初めて、父が部屋のガラスを殴りつけて入ってきたんだと分かった。

父は、クレープ屋を辞めたあと宅配業者として働いていたから、朝は早く起きなければいけなかった。だから、夜うるさくて眠れないのは死活問題。そりゃ、ガラスの1枚も割りたくなるわ。僕をジッと見つめたまま血で濡れた拳をブルブルと震わせている父を前に、僕は割れたガラスを片付けることしかできなかった。

大人になってあの頃を振り返ると、みんなに迷惑をかけていたなと思う。視聴者が大勢いるわけでもなく、単なる趣味でやっているだけの実況なのに、毎日友だちと大声で騒いでいたらまわりは嫌にもなるだろう。しかも、自分の仕事の支障になるとあっては、怒るのも当然だ。

……まぁ、それでも僕が実況をやめることはなかったんだけど。

5

生まれたての マイン クラフターズ

僕の通っていた高校には、就職を目的としたクラスと進学を目指すクラスがあって、僕は進学コースに在籍していた。当時は、なんとなくこのまま大学に通うんだろうなって思っていたし、そのためには勉強を頑張らないと……！って意識が強かった。そんなことを考えていた高校1年生の時に、僕は運命的な出会いを果たすことになった。

ここまで読んで知らない人はいないと思うけど、少し説明しておこう。現在、僕はYouTubeで〝日常組〟というグループを組んでゲーム配信をしている。今は4人で活動しているけど、元々は高校1年生のときに出会ったしにがみくんと黒猫のノアさん（以下クロノアさん）の3人で活動していた。

当時、『マインクラフト』（以下マイクラ）というゲームが流行りはじめ、その頃すでにゲーム配信をしていたしにがみくんが、マイクラに自分でサーバーを作ったことが出会いのきっかけ。そのサーバーに入った記念すべき一人目が僕だった。そして、僕の次に入ってきたのがクロノアさんだった。

3人で通話をしながらマイクラで遊ぶ日々は最高に楽しかったから、「この会話を実況動画として上げられたらなぁ」と思うのは当然の流れだった。今までも実況動画は作っていたから、自分の中でハードルもそんなに高くなかったし、「どうせ動画を上げるなら編集もやってみたい！」と思うようになった。

僕から、しにがみくんとクロノアさんに「一緒にゲーム実況しない？」と提案したとき、2人は快諾。こうして日常組の前身となる〝マインクラフターの日常〟という動画シリーズが始まった。

今でこそYouTubeでお金を稼ぐというのが当たり前になったけど、僕たちが実況動画を作りはじめた頃はそんなシステムはなくて、どんなに有名な人も趣味で動画を上げるのが普通だった。僕も、ゲーム実況でお金を稼ぐなんて考えたこともなくて、ただ楽しい毎日の記録をみんなに見てもらおうというところから、僕たちの活動は始まっている。

ただ、しにがみくんは当時すでに有名なゲーム配信者だったから、「その人気にあやかりたいぜ！」なんて思惑はあったけど（笑）。ゲームに詳しいしにがみくんと、編集をやってみたい僕、そして多くを語らない謎の男クロノアさん。最初は関係性も凸凹だったけど、土日にオンラインで集まってひたすらゲームをするうちに、少しずつ馴染んでいった。

おそらく、今まで生きてきて一番ゲームをしていたのはこの頃。夏休みや土日休みは昼からゲームを始めたはずなのに気がついたら朝になっていたし、みんなで通話しながら徹夜でゲームをするのが楽しかった。ログアウトしてからはただ泥のように眠って、起きたら撮った動画の編集をするという生活の中に、勉強なんて入る隙間がなかった。

宿題をやる時間があるなら編集したい。予習する暇があるならゲームしたい。忠実な欲求を選び取った結果、僕の成績は目も当てられない状態になってしまった。こんなに遊んでて、勉強もできるって言えたらカッコ良かったんだけどなぁ。言ってみたかったなぁ。

6

恐怖のカミングアウト

高校2年生のときに、嘘みたいな話が舞い込んだ。僕たちの動画に広告収入が付くことになったのだ。それまで、趣味でやっていることでお金が入ってくるなんて考えたこともなかったから、そんな話を聞いても「へ〜……そうなんだ」というくらいの感覚で、いまいち実感もなかった。

しかし、僕の高校ではアルバイトが禁止されていて、生徒がお金を稼ぐこと自体許されていなかった。ある日、学年主任に呼び出され、「校則に違反しているんじゃないか？」と詰められることに。元々、担任の先生は僕の活動を知っていたし、応援もしてくれていたので一緒に学年主任の先生を説得してくれた。その結果、僕の活動は例外的に認めてもらえることになった。

お金をもらえるということよりも、自分たちの活動を認めてもらえたことが嬉しくて、僕たちはより一層動画に力を入れていったけど、それに反比例して成績はがた落ち。先生には「このままだと進学できないぞ！」と怒られたし、母親からも「この先どうするつもりなの？」と心配されるようになった。いくら広告収入が入るようになったといっても、まだYouTubeでお金を稼ぐことが認知されていない時代だったから、まわりの大人たちはもちろん同級生も「そんなのやって何になるの？」と思っていただろう。

いよいよこれからの進路を考えなければいけない時期になり、僕は自分の進路について悩むようになった。高校に入った頃は、なんとなく大学に入るんだろうと思っていたけど、ゲーム配信をするのに必要なのは本当に大学進学なんだろうか？　そんな疑問が当然のように浮かんでくる。

進路について調べていくうちに僕が興味を持ったのは、映像系の専門学校。映画のCGを作りたいわけでもなく、モデリングにも興味はなかったけど、ここなら実況動画に必要なことが学べるかもしれないと思った。

母は僕がクリエイティブなことをするのを応援してくれていたから「専門学校に行きたい」と話したときにも、すぐに「やってみたらいいよ」と言ってくれた。父には絶対に反対されると思っていたけど、意外なことに何も言われることはなくて、すんなりと専門学校に進学することになった。今になって思えば、広告収入の力もあったのかもしれない。稼げるようになってからは、僕の活動に対して寛容になった気もするし。

僕には、謝らなきゃいけないことがある。今まで動画を見てくれている視聴者に「大学に行った」と話していたけど、本当は専門学校にしか行ったことがない。なんでそんな嘘をついたのかというと、単純に恥ずかしかったから。進学クラスの理系に進んだのに、理系の大学に行くこともなく、専門学校を選んだ理由も、自分たちの動画に生かせるかもしれないという動機だった。僕が進路を選んだ理由がすごくカッコ悪い気がして、今までずっと言い出せなかった。嘘をついていてごめんなさい！

7

お金が持っている魔力

僕が専門学校に入ったときの話をする前に、高校3年生のときに起こったトラブルを紹介させてほしい。高校を卒業するくらいのタイミングで、とある実況者さんと出会った。

その人は自分で実況をしながらも、他の配信者に案件の紹介もしていて、僕から見た印象は仕事のできる〝やり手〟って感じ。フランクに人と会話もできるし、僕よりも年上ということもあって結構信頼している人でもあった。

そんな彼から、あるとき「これから会社を作ろうと思うんだけど、一緒に正社員として働いてくれないか？」と声をかけられた。まだ高校生だった僕の前に突然現れた正社員チャンス！ 人生ゲームだったら「とりあえずカードもらっとくか！」って気軽に決められるけど、現実はそうじゃない。

このときの僕は、結構本気で悩んでいた。ゲーム配信に関わりながら、仕事ができるって魅力もあったし、なにより僕のことを必要としてくれている気がして嬉しかった。会社を作るってそんなに簡単なことだとは思ってなかった、というのもあると思う。そんな大きな選択に自分を誘ってくれるなんて……と思っていた。

悩んだ末に、僕は交流のあった赤髪のともさんに相談してみることにした。でも、返ってきた答えは「やめたほうがいいと思うよ。心から一緒に働きたいって思ったときでも遅くないいんじゃない?」というものだった。

それまで、イエスかノーかでしか考えてなかったけど、人に相談するとまた違った選択も見えてくる。確かに、即答できるくらい自分の気持ちが固まってからでも遅くはない。こうして僕は正社員になるという話をお断りした。

それから半年後……。正社員の話を持ち掛けてきた彼から、また連絡があった。

「会社が上手くいかなくて、お金を貸してほしいんだよね」と。

後々聞いた話だけど、その人は他の配信者に案件を振って仕事をしてもらったのに、お金を支払わず訴訟になっていたらしい。僕の前では優しかったし、そんなに悪い人という印象もなかっただけにすごく驚いた。

だけど、今思えばその人も配信をしていたから、どれくらいの再生数があればいくらもらっているはず、と収入を容易に計算できたのだろう。だから、おそらく僕に声をかけてきたときも、このくらいの金額だったら払えるはずだと算段をしていたに違いない。

もし、僕が正社員になる道を選んでいたら今頃不幸な思いをしていたかもしれない。そう思うとゾッとするし、お金には人が寄ってくるんだと痛感した。まだ世の中を知らない学生って、そういう大人にとってはきっと扱いやすいカモなんだと思う。

このときほど「大人って怖い！」と思ったことはない。あのとき僕を止めてくれた赤髪のともさんには、今でも感謝している。そして、お金の管理をしてくれていた母親にも、僕を救ってくれてありがとうと言いたい。

8

学生時代の イヤイヤ期

２歳くらいの子どもにはイヤイヤ期というものがあるらしい。きっと僕も子どもの頃に一度体験しているとは思うけど、学生時代も似たような状態だったと思う。

高校生までは自転車通学で20分だったのが、専門学生になって電車を使うようになったら1時間かかるようになった。最初のうちは、見慣れない景色を楽しむ余裕もあったけど、毎日のこととなると面倒くさくなってくる。朝起きるのもそこまで得意じゃないし、通勤する人もいるからいつも電車は満員。もうイヤ。

専門学校には高校の頃とは比べ物にならないくらい多彩な人がいて、１年生のうちは専門的なことというよりは、基礎的な内容を教えてもらうことが多かった。僕としては、早く編集に使えるようなことを学びたかったけど、最初のうちは仕方ないかなんて思っていた。

Mayaというモデリングのソフトを使った授業や、３Ｄ映像の授業、さらには３Ｄプリンターを使って口紅のケースを作る日々。確かに勉強にはなったし、この授業を求めていた人にはよかったと思う。ただ、自分のやりたいことと、学校で教えてもらえることにすれ違いを感じてただただ虚しかった。

専門学校の授業が忙しくなっていくのと同時に、YouTubeの活動にもなんだか身が入らなくなっていった。広告収入が入るようになって、東京に仕事で呼ばれることも増えていったから、自分の中で「これは仕事なんだ」という意識が強くなっていたのかもしれない。だからこそ、「ちゃんとしたものを上げなければいけない」と考えるようになって、簡単には動画を上げられなくなってしまったのだ。

このときは、まわりの人に「動画を上げなよ」と言われるから、しぶしぶ上げているような感じ。趣味から始まったはずなのに、義務みたいに言われてしんどい時期だったなぁと思う。「これでお金をもらっているんだからしょうがないか」と自分を納得させるような生活だった。

動画を気軽に上げられなくなってからは、撮影するのも面倒くさくなって、いつの間にか3人で集まってゲームをするという時間がなくなっていった。当時、しにがみくんはまだ高校生だったし、クロノアさんは音楽系の学校に通っていたから、それぞれゲーム以外にやらなきゃいけないことが増えたというのも理由のひとつ。……だけど、そういう理由は小さなもので、僕たちはみんなやる気が保てなくなっていたんだと思う。

3ヶ月動画を上げないなんてこともザラにあったし、ついに動画の編集も撮影もイヤになった。そして、学校での勉強も、自分が思ったようなものができないと嫌気がさして、2年生になったタイミングで中退することにした。最低限のこととして、両親に学費を返金したけど、今でも申し訳ないことをしたなと思っている。

9

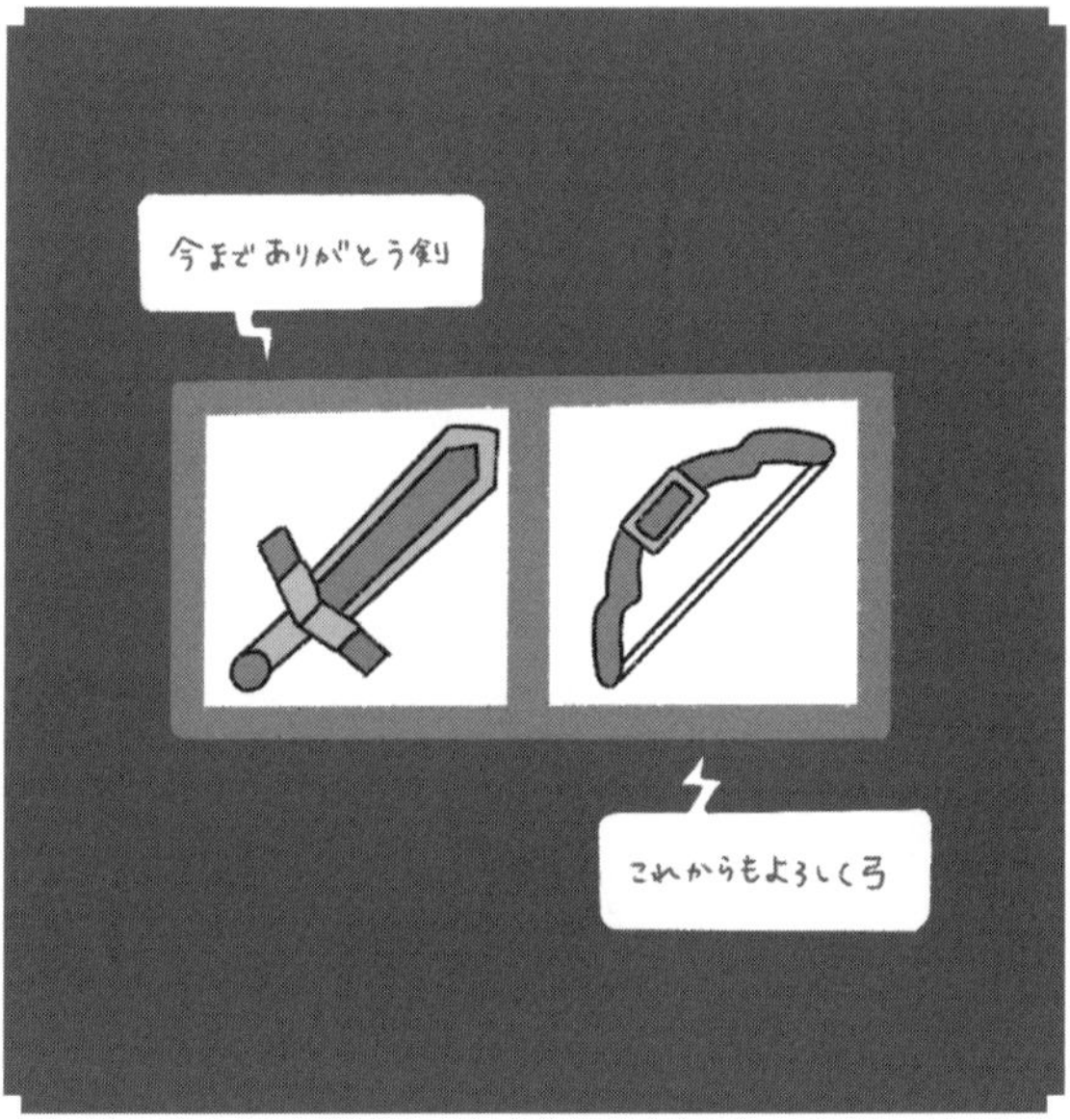

マインクラフターの日常に幕を下ろす

僕たちが〝マインクラフターの日常〟に幕を下ろしたきっかけは簡単に言うと、気持ちのすれ違いが原因だった。もちろん、忙しくて遊べなくなったり、実況動画の撮影に気乗りしなかったのは、さっき書いたとおり。だけど、僕たちが活動をやめようと思った決定的なエピソードがある。

その頃、僕が動画化するときにハマっていた手法は、動画を撮った後にセリフをつけるというものだった。元々演劇部にいたしにがみくんはそれをすんなりと受け入れてくれたけど、クロノアさんは「そんなの恥ずかしいからできない！」と拒否。

僕としにがみくんがやる気になっているのに、ついてきてくれないクロノアさんに憤りを感じずにはいられなかった。「みんなで頑張ろうってなったのに、なんでやってくれないんだよ」って思っていたけど、年上のクロノアさんが嫌だって言ったらそれをひっくり返すこともできない。やりたくないことをやらせても仕方ないって想いはずっと持っていたから、無理強いはしたくなかった。

自分のやりたい動画ができないストレスもあったし、そんな中で上がる動画はどこかで見たようなものばかり。新しいものを作りたいって気持ちはあったけど、クロノアさんに断られた手前、拒絶されることが怖くて自分の思ったことをなかなか言葉にはできなかった。

そうして、出した決断が解散。距離を置いて活動しようと決めて、それぞれが自分の思うように活動することになった。

一人で撮影する実況動画は、すごく寂しかった。今までは誰かと会話すれば動画にできたのに、ボケたりツッコんだりすることもできない。そもそも会話がないんだから（笑）。

自分一人で撮った動画も、何が面白いのか全然分からないし、成功なのか失敗なのかも分からない。人との掛け合いがない動画がこんなにもつまらないものかって愕然としたのを今でも覚えている。

そして、だんだん更新頻度が落ちていったとき、僕は赤髪のともさんとコラボすることが増えていった。すごく失礼な言い方になっちゃうけど、自分の動画じゃないから編集もしなくていいし、すごく楽だった。しかも、一人で動画を撮るより何倍も楽しい。さらに、赤髪のともさんのチャンネルだから、細かい部分も全部決めてくれる。

今までは、グループを引っ張らないといけなかったから、設定も企画も新しい方向性も自分で考えていたけど、それを人にやってもらえることに居心地の良さみたいなものを感じていた。

何もしなくても勝手に動画が出来上がっていく快適さに甘え、気づいたときには〝マインクラフターの日常〟を解散して1年が経とうとしていた。

10

先輩の情熱が流れ込む

動画投稿の熱が冷め、やる気がなくなった僕に、赤髪のともさんは「一緒にコラボしよう」と頻繁に声をかけてくれるようになった。多分、心配されていたんだろうな。ただコラボするだけじゃなくて、「とりあえず1ヶ月間俺の言うとおりに動画を上げてみてよ。そうしたら、きっと何かが分かるから」と方向性を示してくれた。

1ヶ月の予定を決めてくれて、YouTubeの統計を分析しては「この日の動画はこれだけ登録者が伸びているね」って声をかけてくれたのも、僕のやる気スイッチを押そうとしてくれていたんだと思う。

あるとき、僕はある配信者とコラボをすることになった。それが、僕と同じくゲーム実況をしているあちゃみさん、しゅりさん、豆腐さんだった。Googleの企画で泊まりこんでドラマを作るような内容の撮影で、僕たちは結構長い時間を一緒に過ごしていた。その撮影の休憩中、僕はなんとなく「今、ゲーム配信をやる気力が落ちちゃって……」と口にしたんだけど、そのときに返ってきた言葉は結構厳しいものだった。僕の漏らした悩みに対して「正直、あんたが羨ましいよ。

投稿しても伸びなくて悩んでいる人なんてたくさんいるんだから！」と熱く話してくれた。

その言葉を聞いたとき、僕は自分がどれだけ視聴者に支えられていたのかを考えることになった。自分はすごく恵まれていた。自分が面白いと思った動画を認めてくれる人がこんなにいる。心のどこかで「動画を上げればそれでいいや」と思っていた自分が情けない。

先輩の温かい支えと、激励のおかげで僕はまた実況動画を撮りたいと思うようになった。そんなふうに考えるようになったら、「動画のメインキャラクターになりたい！」って気持ちが大きくなってきた。それまでは、人についていくのが心地いいって思っていたはずなのにね（笑）。どこまでも自分勝手だなぁ。

コラボで出演するってことは、他人のチャンネルにお邪魔するってことで、自分はサブキャラみたいな扱いになるのが当たり前。みんな僕を見に来ているんじゃなくて、赤髪のともさんを見に来ているんだって思ったら、ちょっと悔しいというか、羨ましいというか……なんとも言えない気持ちになった。

僕の気持ちが固まったのは、一緒にコラボしていた先輩たちの輪にしにがみくんが入ってきてくれたのがきっかけだった。久しぶりにしにがみくんと話をしたら、しっくりくるような感覚があった。また、あの頃みたいにゲーム実況がしたい。僕にゲーム実況への情熱が戻ってきた瞬間だった。

11

新しい風と2度目の危機

1年という時間の中で、僕たちはお互いに気持ちの整理ができていたと思う。僕は、会話のキャッチボールの部分でしにがみくんに負担をかけすぎていたし、クロノアさんとの距離の取り方が分からなかった。もっとちゃんと話をすれば、考えていることも理解できたはずなのに。衝突を避けたいと思うあまり関係を絶つ一歩手前までいってしまった。

僕が、「もう一度実況動画をみんなで作りたい」と2人に伝えると、快くOKの返事をくれた。離れている間に僕が感じたこと、そしてきちんと情熱が戻ってきたことを説明すると、僕の熱意を感じ取ってくれたようだった。

再結成を決めたとき、新しいメンバーを入れる提案をした。その人が現在のメンバー、トラゾーだ。メンバーになる前からの知り合いで、僕が動画に出られないときにはスーツアクターをしてくれていたり、制作の手伝いもしてくれていた。トラゾーは僕たちのグループにあっという間に馴染んでくれて、今ではクロノアさんと2人でチームを組んで動画を配信しているくらいだ。クロノアさんにお願いできないこともトラゾーには気軽に頼めたし、何を言っても基本的に断られることがない。

面白いと思うものの価値観も似ていて、僕の提案には率先して「やろう！」と言ってくれるから何とも心地いい。僕のやりたいことを形にできたのは、トラゾーのおかげといっても過言ではない。……でも、あんまり褒めると調子に乗るから、この辺にしておこう。

こうして僕たちは〝マインクラフターの日常Z〟という動画シリーズを始めることになった。新しい風が入って生まれたのが、『マイクラ脱獄シリーズ』。今では僕たちのチャンネルの看板動画になっている。銀行強盗をしたという設定で、マイクラ内に作った刑務所から脱獄するという内容なのだが、我ながらなかなか面白い。自分で言うなって？　それくらい面白いんだってば（笑）。

このシリーズをきっかけにYouTubeのチャンネル登録者数が飛躍的に伸びて、ついに100万人を突破！　自分たちのやってきたことが、たくさんの人に喜んでもらえていると思うと、すごく嬉しくて、すぐに『マイクラ盗賊シリーズ』という動画を作ることになった。

しかし、ここで問題が勃発。動画の撮影をして、空いている時間は編集に追われるという毎日を過ごすうちに僕の心は壊れていった。まわりで見ているメンバーにもそれは伝わっていたのだろう。「休みたい」と声をあげたとき、反対するメンバーは一人もいなかった。

上手くいっている状態で休むのは怖かった。せっかく伸びた視聴者数が減ってしまうかもしれない。そんな不安はあったけど、このまま続けてもみんなが喜ぶような動画は作れないかもしれないと思ったから、僕たちは少しの間休むことにしたのだ。

12

日常組のルールブック

半年のリフレッシュ期間のあと、僕たちは東京の会議室に集まり、今後の活動についてきちんと話し合うことになった。話し合いといっても、「嫌なことは嫌って言おう」とか「人を傷つけるようなことは言わないように気をつけよう」とか、当たり前の話ばかりだったと思う。

その中で印象的だったのは、しにがみくんが言った「僕たちはゲーム実況でプロレスをしているようなものだから」というものだ。ゲーム実況の中で、どれだけいじったとしても、それは視聴者に見せるエンターテインメント。本気で言っているわけじゃないから、受け取る方も重く考えないようにしようという考え方を共有できたことは、僕にとってすごく勉強になった。

そういう意識を保っていないと、どこかで不満が溜まるし、それはいつか爆発する。誰かに我慢をさせてゲーム実況をしても、長く続かないっていうのが分かっていたから出てきた言葉なんだろうなって、今では思う。

YouTubeチャンネルもこのタイミングで変えることにした。話し合いをするまでは僕のチャンネルを使ってゲーム配信をしていたけど、4人のグループチャンネルに変更。僕のチャンネルということもあって、自分が引っ張っていかなきゃって前に出てしまうことが多かったけど、4人で話し合いをしている中で、〝4人のチャンネル〟にしたいという気持ちが湧いてきたのだ。僕のチャンネルがなくなることも惜しくない。4人で再スタートを切れるなら。4人で活動するんだって思ったら、今まで自分が背負っていた何かを分けることができたような気がして、肩の荷が下りた。

そして、責任を分けるというところからそれぞれの役割分担を決めることにしたのもこのときだった。クロノアさんはリーダーを務めることになって、話し合いで揉めたときの最終判断を決めてくれたりしている。しにがみくんにはゲームシステムや制作に関わってもらい、トラゾーにはゲームのシナリオを作ってもらったり、他の配信者とのコラボの際に連絡を取ってもらうなど、具体的な役割を決めることになった。

話し合いを通して思うのは、会話をしないと意思の疎通なんてできないってこと。「なんで分からないんだ」とか「察してくれ」じゃなくて、きちんと思っていることを共有する大切さを学べたのは、僕の中で大きな変化だった。

CHAPTER 3

俺たちの青春はこれからだ

1

企画会議の誕生

話し合うことの大切さを学んだ僕は、月に1回は必ず企画会議をすることを提案した。これは、結果的に日常組にとってすごく良い効果をもたらしてくれた。企画会議をするようになる前は、ほとんどの企画を僕が考えていて、ネタを考えるのにも限界があったし、みんなで考えられたらもっと良いものができる気がしてた。

当たり前の話だけど、一人で考えていたときの4倍は企画が持ち込まれるし、そこから派生して生まれる企画もある。例えば、そのままの状態ではボツになってしまうような企画も、みんなで「こうしたら動画にできるかも！」とブラッシュアップしていくと、ちゃんと光輝く企画になるのだ。

基本的にゲームシステムに関してはしにがみくんが担当してくれているから、この企画はマイクラのシステムで実現できるかというところから会話が進み、まず最初のジャッジが下る。

クロノアさんとトラゾーは、マイクラ以外のゲームを企画会議で紹介することが多くて、正統派の面白さを追求している。しにがみくんはゲームシステムという目線から企画を上げることがほとんどで、僕たちが想像もしていなかったシステムを紹介してくれる。僕はというと……その話を聞きながら企画を考え、たまにぶっ飛んだものを考える。これは自慢じゃないけど、企画の採用率は僕が一番。どれだけ僕が企画会議に力を入れているか分かるはずだ。

ゲームを紹介するときに全員が大事にしているのは、僕たち自身が盛り上がれるものを提案するということ。自分で言うのもなんだけど、これこそが日常組の最大の魅力だと思っている。

日常組を客観的に見れば、素晴らしいトーク力にあふれているわけではないし、カリスマ性があるわけでもない。僕たちにあるのは、誰よりも一緒にゲームする時間を楽しんでいるということだけ。

だけど、僕たちが楽しんでゲームをしている姿を見て、視聴者の人も一緒になって楽しんでくれるのを感じるから、日常組の正解は僕たち自身が楽しむことだって思ってる。

だから、僕個人としてはローグライクのゲーム（ダンジョン探索型のＲＰＧ）

がすごく好きだけど、企画会議に上げることはない。僕個人ではなく日常組が楽しめる基準でゲームを選び、企画を考えている。

日常組の中で大切にしていることがもうひとつある。それは、全員が企画に対してＯＫを出さないと動画にできないということだ。これも、理由はさっき書いたことに繋がっている。

誰かがやりたくないと思っている状態で撮影しても、小さな不満が溜まっていってしまう。心から楽しいと思える企画をみんなで一緒にやることが、僕たちにとっては一番大切なこと。誰のことも置いていかない。みんなで楽しむ。すごくシンプルだけど、日常組の大事な信条だ。

COLUMN 第19回

日常組企画会議抜粋

僕らの企画はこうして出来ている！
日常組の企画会議（※1）の様子をお届けしよう！

ぺいんと企画案 その1

『ノンフィクション』

ぺいんと（以下） 企画案のあらすじとセリフ読みます。「今日も今日とて彼は編集画面と睨めっこをしていた。しかし、最近彼は悩みを抱えていた。動画の尺が長すぎると……」

トラゾー（以下） もっと撮ろうぜってお前が言うからだろ。笑

「もう……もういやだー！」「大変だ、ぺいんとくんがキレちゃった」「どんな変なことをしても、変なことを言ってもカットしてくれたり規制音をつけてくれたり、エコーをつけてくれたり、面白くしてくれると思ってないかい？ 甘えんなこのゴミカス共！」

クロノア（以下） 口悪いな。

内容は、挨拶&導入2分、準備時間3分、採掘15分、締め1分ですべてを終えるっていうシンプルな企画。動画のカットもしないし、効果音もつけない……BGMくらいはお情けでつけてあげてもいいよ（笑）。

しにがみ（以下） なるほど。

これって動画時間は、締めが1分ってことは計算的にいえば21分ですよね。

フルで動画にするってことですか。

はい、フルで動画にしますこれ。

前回したマインクラフトの生放送のときって20分ぐらい雑

■企画案：ノンフィクション（マインクラフト）

◇構成
4人

◇あらすじ
ぺいんと 「ここはカット……」
「ここは規制音入れたほうがいいな」
「あ、ここ本名言ってる……」
「……」

「……もう懲り懲りだ」

今日も今日とて彼は編集画面と睨めっこしていた。
しかし、最近彼は悩みを抱えていた。最近動画の尺が長すぎると……

ぺいんと 「もう……もういやだー！！」

大変だ、ぺいんとくんがキレちゃった

◇内容
挨拶＆導入（2分）➡準備（3分）➡採掘（15分）➡締め（1分）

上に表示された時間内ですべてを終えよう！
カットなし！効果音はつけない！BGMはお情けでつけてやろう！

談で終わってなかった？笑

いやだから、それが間違ってるんだって。

編集に甘えない僕らのトーク……。

そうそう、編集に甘えないやつだよ。この前、お前ら、（編集に）甘えてる企画してたよな。

あー。ぺいんとさんに編集でなんとかしてもらおうっていう。

ゴミみてえな企画（笑）。

その逆でぺいんとさんを休ませてあげようってことか。

時間になったらBGMつけるだけだからね、ほんとに。

はいはい。でも言っとくけど、この20分間の中で一番喋って面白くしようとしてる、頑張ろうとしているのはぺいんとさんだからね（笑）。僕は知ってんだから（笑）。

なんかねー、勝手になっちゃうんだよね。なんかもう。それはねー、もうどうしようもない。

でも、ぺいんとこれ大変だよ。お前毎回さ、挨拶とか説明のときに噛んだとき仕切り直そうとするじゃん。

例えば、その導入の話するじゃん。じゃあ今回は～……って話してるときに時間切れになったらすぐに切り上げるの。

なるほどね。じゃあ最初の2分間はもうぺいんとしか話してないね（笑）。

挨拶と導入の部分だけだから。

これは本名とかが出ちゃったらどうするわけ。

いやもう公開です（笑）。知りませんよそんなの。まじで知らないからね、ほんと公開。

暴露合戦が始まる。

これはほんとに嘘抜きで公開します。

なるほどね。これちょっとなんか自分の中で暴露してもいいなっていうネタを持ち寄るのおもろいな（笑）。

まあそうですね。だからほんとにみんな言動には気をつけながらやんないと。

生放送だと思ったほうがいいね。

そうそうそう。泣きつかれても絶対切らないよ。

まじでこれやっちまったなっていうのが出たらリセットボタン押して最初っからやるっていう（笑）。

そしたら1からやり直しだね。まあそういう企画でございます、僕の企画は。

これ思ったんですけど、マイクラ内で、効果音をいくつか用意しとくことができたらちょっと面白いかなって思ったんで

日常組
企画会議メモ

※1：日常組の企画会議は通常オンラインで行われる。企画案をメンバー全員のグループに投稿して、企画案を発表する流れである。今回紹介する企画案は、マインクラフトを使った企画案の発表。右記は企画会議にぺいんとが投稿した内容である。ぺいんとは企画をプレゼンする際に、基本的にセリフ付きのシナリオを用意している。企画会議の冒頭部分はぺいんとが読み上げるセリフに対して日常組の各メンバーがリアクションをしている。

すけど。

マイクラ内でってこと？　手元で鳴らせるってこと？

それはもうそれでおもろい遊び……。

それいいなあ。俺が編集の上でなんかしないといけないってことがないんだったら全然それはオッケーですよ。

それできるんだったらさ、ぺいんとがBGM入れる作業すら必要なくなるんじゃない？

えっ、じゃあBGMも手元でやればよくね（笑）？

話すタイミングで、BGM切れる瞬間があるじゃん。今それだなーと思ったら自分で切る……。

それめっちゃいいなー（笑）。そうしようぜ。

やってみたいねそれ。

もう字幕以外は全部マイクラ内で済まそう。

全部マイクラ内で編集。

おー、楽しそう楽しそう！

めっちゃいい企画になった。急にこの企画が輝き始めた。

あ、やったー。

光が差し込んできてる！　それやばいなあ。

最終的な動画にするときには字幕のミスのチェックだけでいい。

できそうなんですか、しにがみさん。

なんかその効果音を止めるっていう処理がないんですよ、マイクラ内で。

あーもう流しっぱなしってこと？

BGMを切り替えるっていう処理がちょっとできるのかな。ちょっと僕……相談してみようかな。

なんかでもレコード（※2）抜いたときに止まるから勝手にできるのかなーって。

あー。

レコードの内容をBGMとかにする？

多分、音ブロック（※3）のタグの中にそのディスクが入ってる処理みたいなのを切り替えできればいけるのかもしれない。

まあでもそれができるようになったらめっちゃいいなあ。

面白い。はねたなあ。

化けたなあ。適当に考えたのに（笑）。

ピンハネしたね。

びっくりしたー（笑）。

ピンハネは意味が違う。

日常組
企画会議メモ

※2：レコードは、マインクラフト内に登場するアイテム。レコードを使ってゲーム内で音楽を流すことができる。

※3：音ブロックは、音符ブロックの略称。マインクラフト内に登場する音楽を奏でることができるアイテム。

※4：ダイヤモンドとは、マインクラフトで登場するアイテム。ダイヤモンド鉱石などから入手できる。

ぺいんと企画案 その2

『スパイごっこ』

はい、じゃあ企画案読みます。「今日もみんなでマイクラ撮影をしようと思ったんだけど」「その前に、ちょっと報告しないといけないことがあります」

「えーなに？」

「どうした？」

「フォカヌポウ！（笑）」

ふざけないでー今。

もー……しにがみ。ぶっこわすなよ、流れを（笑）。これ、読みます。

「この中に……スパイがいる！」せーの、

「な、なんだって!?」

大変だ！この4人の中にスパイがいる！ダイヤモンド（※4）を探しつつ、誰がスパイなのかはっきりさせよう！……フォカヌポウ

クラムボンみたい（笑）。

内容は、ゲーム開始時にスパイか人間かが各個人に表示されます。スパイ側は、与えられたミッションをダイヤを見つけるまでに行う。人間側は、一度だけスパイを見つけることができる自白剤っていうポーションを投げつけてスパイを見つけよう。ただし、スパイは一人とは限らない。その場合は誰か一人でも自白させれば人間側の勝利。で、スパイ側は誰か一人でもミッションをクリアしたら勝利。

へー。

スパイと人間の数はランダム、できればランダムが嬉しいなっていう。

はいはいはいはい。

スパイ多数の3：1の場合もあるわけよ。人間1人とスパ

■企画案：スパイごっこ（マインクラフト）

◇構成
4人

◇あらすじ
ぺいんと　「今日もみんなでマイクラ撮影をしようと思ったんだけど」
「その前に、ちょっと報告しないといけないことがあります」

トラゾー　「えーなに？」
クロノア　「どうした？」
しにがみ　「フォカヌポウ！」

ぺいんと　「この中に……スパイがいる！」
3人（クロノア、しにがみ、トラゾー）「な、なんだって！？」

大変だ！この4人の中にスパイがいる！
ダイヤモンドを探しつつ、誰がスパイなのかはっきりさせよう！

◇内容
ゲーム開始時にスパイか人間かが各個人に表示される。
スパイ側は与えられたミッションをダイヤを見つけるまでに行う。
人間側は一度だけスパイを見つけることができる“自白剤”を投げつけてスパイを見つけよう！　ただし、スパイは一人とは限らない。
その場合は、誰か一人でも自白させれば人間側の勝利。スパイ側は誰か一人でもミッションをクリアしたら勝利だ。

イ3人のパターンとか。誰がほんとにスパイなのか人間なのか、スパイ同士も分かんないのよ。だから疑心暗鬼になるっていうね。みんなでやりながら、例えばそのスパイの人（のミッション）はなんかなんだろうな、分かんないけど鉄ピッケル（※5）を5個集めるとか。

なるほどね。

そうするとさ、妨害にもなるしみんな違和感に気づくわけじゃん。

まあ鉄を使われてるからね。

それで、だんだんみんな「動きが怪しくない？」って感じるようになる。

スパイがばれちゃだめなんだもんね。

そうそう、ばれちゃだめなの。

ダイヤモンドを見つけようとしてるやつを殺しちゃったら、それはこいつがスパイだってばれて、どっちにしたって負けちゃうから……。

味方のように見せかけてダイヤモンド見つけたら、ミッションはもうすでにクリアしてあります、っていうのも面白いじゃん。

なるほどね。

お前がスパイだったのか。

妨害チックなお題のほうが面白い……。スパイはひとりひとり違うミッションがくるってこと？

もちろん。スパイ側はおんなじミッションではない。だからミッションをいくつか用意して、それがランダムで配布される。

じゃあこれダイヤモンドを獲得したときに、実はスパイ側がミッションを全部クリアしてました、っていう場合もあるし、達成できてませんでした、っていう場合もあるね。

（人間側は）ダイヤモンドを探しつつって言ってたけど、しにがみくんが企画説明の時に言ってたスコアとかタスクポイント（※6）も使えそう。

あー、なるほどね。

ポイントが溜まるまでにか。

そう。これってさ、例えばタスクポイントって、なんか鉄を持ってる数をタスクポイントにするってのは（システム上）できんの？

できますよ。

例えば鉄を鉄ピッケルに変換するとするじゃん。そうするとポイントって減るの？

減らすこともできるし、そのままの仕様もできる。

それなら、減らすほうが逆に面白くない？

あー確かにそうですよね。

日常組
企画会議メモ

※5：鉄（の）ピッケルとは、鉄のツルハシの別称。マインクラフト内で登場するアイテムで、ダイヤモンド鉱石などを採掘する際に使用される。

※6：タスクポイントは、ゲームがクリア可能になるポイント値。

例えば、100ポイントをマックスのタスクポイントだとしたら、このゲームは100ポイント達成したら終わりです。例えば鉄ピッケルを5個作るような各ミッションが与えられてるわけ。だとしたら鉄をたくさん使わないといけないから、「不自然に数字が減ったよね」っていう疑いが生まれるとかね。

でもチェスト（※7）に入れたときも、減っちゃうんですよね。4人が持ってる合計（ポイント）の計算なので。

なるほどね。

合計算なんで。まあ、でも要は減ったからといって必ずしも使ったとは言えないか。

え、俺チェストに入れたよ（笑）みたいな？

そうそう、それもいいなあ。

じゃあぺいんとが、ピッケル作るときには、「今から鉄、中に入れまーす」って言って減ったタイミングで実は鉄ピッケル作ってるとか？

そうそうそう。同時にやるとごまかせる。

スパイの行動に気づいちゃったスパイの瞬間おもろいね。

そしたらスパイ同士が協力すんの。こいつがスパイだって絶対にばれないようにしよう、みたいなムーブができる。まあ気づいたら気づいたでしょうがない。

気になったのは、特定のアイテムは、人間側・スパイ側だけしか見つけられないってできるんですか？　そのスパイ側が自白剤を見つけちゃった場合。

いや、あー、なるほどね。

勝利条件がなくなっちゃうんですよね。

そうか、自白剤の使い方がちょっと……難しくなってくるけど。

自白剤って元々持ってるわけじゃないの？

元々持ってるイメージだったけど……。

もしくはダイヤモンドで自白剤が作れるとかでもいいんじゃない。

そしたらみんなに当てればよくない？ってなっちゃうから……。

そうっすね、自白剤の数は限りがあったほうが……。

僕の中では自白剤は一つだなって思ってたのよ。

ゲームの中でってこと？

そうそう。

でも、そっか。スパイがとっちゃうか。

自白剤を使わないって言ったら「もうお前がスパイやん」ってなるしなあ。

ぶつけられちゃうし。

※7：チェストは、マインクラフト内でアイテムなどを保管できるブロックのこと。

うん。

人間側の勝利条件のところをもうちょっと詰めたほうがいいなって思いました。

スコアを導入できるんだったら、スコアマックス100いったらクリアでもいいしね。

あー、確かに確かに。

逆に言えば、脱獄ゲームとかバトロワと同じでこすれる系になりそうな感じするけどね。

スパイは、時間制限があってもいいし。だから、スコアが100超えた時点で無条件に人間側がクリア。時間内に終わって、ミッションクリアしてたらスパイ側のクリア。その時間内のスコア関係なく自白剤をぶつけてスパイを割り出せたら人間側のクリアっていう条件かな。

自白剤の使い方がむずいな。

自白剤をミスった人に使った場合は村人側が負けとかだったらなかなか使いにくいと思う。

人間だったらそれは確白（白確定）な感じ。

なるほどね。逆にこいつは確定白だったんだ、で終わるっていう。

そう。何も起きない。だから途中で自白剤を使うのはありな気がするんだよね。投げつけた相手が何も起きなかったらそれはスパイじゃないから「こいつは信用できる」って思われるし。

はいはいはい。

でも1回自白剤を使われちゃったらさ二度と自白剤が存在しないから、スパイが大それた妨害行為をやりそうだな（笑）。

そうなんだよなー。

そうか、一定時間経ったら村人の中の誰かに付与される、みたいなのはどう？

自分自白剤持ってるよーって言ったらもう強制的にその人が白になる。

でもその時間帯がランダムであれば、嘘がつけるってことですよね。自白剤が手元にきた、っていう人が一人しかいない前提だけど、自白剤を持っている（という）人が複数存在する可能性がある。

あ、人狼でいうところの占い師が2人出るみたいなことですよね。

そうです。

アイテムを持ってるときに三人称視点で表示しないことができるんで、自白剤は持ってても人からは見えないっていうアイテムにしちゃえば。

でも、自分が（自白剤を）持ってるよって（嘘を）言ってた人に対して（自白剤を）ぶつけたらスパイ負けません？　だって村人が嘘をつくメリットなくないですか？

確かに。

となると、「1個しか存在しないんじゃないですか」ってなった場合、ほんとに持ってる人が言ってきた人に自白剤ボンって投げたら終わりません？ 試合。

そうっすね。それで終わりだ。

（本当に自白剤を持っている）本人からは黒確しちゃうのか。なるほどね。

黒確をつぶせるアイテムを「こいつ黒確だ」って気づいた人が持ってるんで。

一気に不利になっちゃうのか。

そんな複雑な人狼ゲームにしたくないっすよね。

俺はしたくない、僕もそのつもりでやってるわけじゃなかったから。でもスパイといったら自白剤やろ、っていう感じがある。

まあその対策としては、スパイ側が自白剤（偽物）を作れる、とかだったらいいかもしれないけど。

あー。なんかもうすごいめちゃくちゃ入り組みたいってわけじゃなくて……。

最後に誰がスパイかを言う、とかでもいいし。

もう当てちゃうってことね。

ワードウルフチックな。

まあそれでもいいと思う。ま、これはなんか面白いと思うんだよね。スコアがあるとしたら、「えっ？」って思う瞬間もあるし。スパイが何人かって分かんないっていうのも面白いじゃん。

一方的にスパイが多数っていうのはこれじゃないとできない。

そうそう。なんかこういうのやりたいなって思って。

でもお互い仲間がいるかどうかも分かんないって、めちゃくちゃ面白い。孤独な闘い。

採用するんだったらもうちょっと詰めたほうがいいかもしんない。

これで、4人ともスパイだったら面白いけどね。それはそれで（笑）。

2

情熱だけは譲れない

活動を再開するタイミングで「みんなで編集しよう」と提案したところおよそ2秒で「嫌だね」という答えが返ってきた。

編集するとなれば、その動画の責任は編集者にあるのでその責任は重い。僕は昔から編集をしているから、そこまで重荷に考えることはないけど、メンバーから見たら結構な負担に感じたのかもしれない。僕が編集にすごく時間をかけているのを見ていて、「大変そうだ」ってイメージが付いているのもあると思うけど(笑)。

メンバーから、「編集をしてくれる人を探せばいいじゃん」と簡単に言われたけど、ひとつだけ言わせてくれ。カットの割り方や、字幕にゴシック体を使うのか明朝体にするのか、という細かい部分まで価値観を共有するには途方もない時間がかかる。編集の細かい違いに視聴者が気づき、がっかりされるようなことは避けたいから、動画のクオリティーにはこだわりたかったのだ。

でも、ふと思った。みんな分担していることをしっかりこなしてくれていて、みんなそれぞれ自分が得意なことをやれている。だから、メンバーじゃなくて、他の人に頼むというのも視野に入れるようになった。

こうして、僕は編集メンバーを雇うことにした。募集の条件は、日常組を愛してくれている人。この一点のみ。編集ができるとか、仕事が速いとかはどうでもよかった。僕自身、何も分からないところから始めたし、それでも編集はできるようになった。でも何かに対する情熱や愛情は、自分で見つけないと絶対に手に入らないから、そっちの方がよっぽど大事だった。

厳正な選考の結果、僕と一緒に編集をしてくれる仲間を2人迎え入れることになった。どちらも、日常組のリスナーさんで僕たちの活動を応援してくれている人だ。

だけど、リスナーさんだからこそ、編集が上手くできない部分というのも発生する。僕が編集をしていたらバッサリ切ってしまうようなところも、「面白いから切りたくない」という気持ちが働いて遠慮してしまうのだ。正直に言えば、そう思ってくれることはすごくありがたいし嬉しい。しかし、初めてカットをお願いしたとき、1時間越えの動画がきたことがある。長すぎ！　それでも根気強く教えていった結果、僕の選ぶカットに近くなってきて、作業効率も上がった。最終的な動画のチェックをするときにも、指摘する部分が減ってきたし、これからさらに僕たちの力になってくれると思う。

これは完全なる余談だが、僕の親友まいたけくんからも応募があった。小学校の頃からの友だちで、ホラーゲームが苦手な彼のことだ。高校を卒業するタイミングで就職した彼とは、それ以降一緒に動画を制作することはなかったけど、「お前の力になりたい」と嬉しい言葉をかけてもらった。

たまに会ったときに僕が「編集大変なんだよ」とグチをこぼしていたから応募をしてくれたに違いない。映画だったら喜びに震えながら一緒に働いてハッピーエンドになるところだが、結局のところ最終選考で僕はまいたけくんを落とした。めちゃくちゃ悩んだけど、友だちという理由だけで選びたくなかった。僕は、日常組をどれだけ愛してくれているかで決めたかったから。

3

新しい武器を手に入れたい

編集を手伝ってくれる仲間を募集したのは、負担が大きいということもあったけど、それ以上に日常組をもっといい状態にしたいという思いがあった。僕は、ゲーム実況を始めたときに編集を一から学び、もっといい動画を作るために、分からないことは自分で調べるようにしている。その熱量は、自分が手を出したことのない分野にも入っていくことになった。

僕の創作意欲に火がついたのはトラゾーが加入したタイミング。人が増えれば、その分、動画の見せ方や効果音も変わってくる。カメラの視点を動かすMODを入れたり、映像が簡単に切り替わる新しいトランジションを追加したいと思うようになった。

最近でも、ゲームに登場するものを自由に動かすために、モデリングソフトを使って、動画にしているものがある。何も分からない状態から新しいことを独学で覚えるって結構大変だけど、僕はやっぱり日常組が好きだから動けるんだろうな。学校の勉強とか、自分が興味を持てないことに関してはやらなきゃいけないことでもやらなかったし（真似しないこと！）。でも、自分の興味が向いたことだけはまっすぐ突き進んでいける。

ここ1年の変化でいうと、サムネイルやいくつかのシリーズでオープニングを作るようになったので、そのために絵コンテを書くことになった。意外に自分の頭で考えていることって整理されていないんだなってことにも気がついた。

特にアニメのオープニングの絵コンテを参考にして動画に生かすことにしたんだけど、やってみると絵コンテの果たす役割って大きい。自分の頭の中だけで考えていたときにはまとまらなかったところも、描くだけでまとまるようになる。

新しいことを覚えなくても、動画を作ることはできる。だけど、僕は自分が日常組や動画のためにできることに、可能な限り力を尽くしたい。新しいことを学ぼうとするとき、「そんなにしなくてもなんとかなるでしょ」みたいなことを言う人がいる。でも、僕はそういう人になりたくない。「今のままでいいや」って思っていたら動画のクオリティーも上がらないし、形にできた達成感も感じなくなってしまうだろう。職業柄、新しいものにアンテナを張って、コンテンツ力を上げるのはめちゃくちゃ大事なこと。

　自分が戦える武器が増えれば、自分たちにしか作れない動画になるし、なにより動画のクオリティーも上がる。今まで「できないからしょうがないか」って妥協していたものを形にできるって最高に気持ちいい。

　こんなことを言っているけど、僕も新しいことを覚えるときに恐怖がないわけじゃない。時間をかけて覚えられなかったらどうしようとか、自分に理解できるのかって不安は考えたらキリがない。

　それでも覚えようと思うのは、頭の中には完成形があるのにそれを動画に反映できないことが一番しんどいことだから。

4

満足する日はやってこない

自分で足りないと思う部分を勉強して、いろんな編集スキルを手に入れられたと思っている。３ＤＣＧも、最初のうちはまったく分からなかったし、サムネを作るのが精いっぱいだった。でも、少しずつできることが増えて、３時間かかっていた作業も1時間でこなせるようになって、僕の技術力は格段に上がった。

それでも、満足のいく動画を生み出せたかと聞かれたら答えはＮＯだ。動画を作ったそのときは１００点の動画だって感じているし、みんなに見てほしいって思う。編集しているときも、面白いシーンを見て部屋で爆笑していることがあるくらいだ。だけど、１ヶ月後に同じ動画を見ると「もっとやれることがあったな……」って後悔することがほとんど。

新しいスキルを覚えたら、その後悔はどんどん大きくなる。仕方のないことだけど、「1年前に知っていれば、この動画をもっと面白くできたのに！」って悔しくなってしまう。

昔の自分が面白いって思う基準と、今の自分が面白いって思う基準が違うこともあるから、本当の意味で１００点の動画を作ることはできない。

ずっと100点だと思えるような動画を作りたい。でも、実際のところそんな動画ができてしまったら自分がこれ以上成長できないってことにもなるから、良くないいんだろうなとも思う。昔の動画を見て「まだできることがある」って思うと、ガッカリする部分もあるけど心のどこかで安心している。自分の思う面白さを更新しているってことだから。

良いものを作りたいというこだわりは、ボツ動画を量産する。メインチャンネルに投稿するために撮影しても、撮影中にこれはボツになるなと察しているのか皆のテンションがゆるくなっているのを感じることがある。いや、サブチャンに出せるならまだいい方だ。体感としては10本撮影しても3本はお蔵入りになる。

せっかく企画を考えたんだからとりあえず出してみればいいって考え方もあるんだろうけど、やっぱり最低限のクオリティーは保っていたい。例えば、その動画を初めて見た人が「日常組ってそんなに面白くないな」って思ってしまったら、もうその人は動画を見ないと思う。僕だったら見ない。だから、自分の中で及第点を出せるような動画じゃないとどうしても上げられない。

日常組のメンバーからは、動画を上げるかどうかを一任してもらえているから、そういう点ではすごく助かっている。メンバーが僕の編集を信じて任せてくれているからこそ、僕は中途半端な動画は上げられない。

もし、僕が動画に満足するときがくるとしたら、それはきっと日常組が終わるときだろうなって思う。だから僕はまだ満足したくない。

5

モチベーションは他人任せ

編集のスキルはあるけど、だからといって編集が好きなわけではない。メンバーに「どんな編集が良いと思う？」なんて相談しながら進めていくのも憧れるけど、残念ながらメンバーは編集をしてくれない。編集の仲間が増えるまでは孤独な戦いを繰り広げていた。

僕の中での編集は9：1でつらさが圧勝。字幕を付けたり、BGMを選んだりするときは、動画の見た目がガラッと変わるから楽しいけど、それはほんの1割しかない。そんな作業を毎日のようにやっている。

9割つらいならやめた方がいいと思う人がいるかもしれないけど、僕にとってはみんなでゲーム実況をしている時間がなによりも楽しいから、簡単に捨てられるようなものではない。最上級の楽しさを感じるためのつらい編集作業なのだ。

編集のつらいところは、僕のこだわりが強すぎるところも関係しているような気がする。動画を作るときに素材がある場合はまだいい。問題は自分が作りたいものに合う素材が見つからないときだ。一から自分で素材を作る時間は、まさに苦行。他にも、「こんなBGMがいい」というものが頭の中にはあるのに、近いものが見つからないときがある。

ゲームの中で探索をしているときのBGMとか、決まっているものはもちろんある。だけど、例えば『盗賊シリーズ』のときには「盗賊っぽいBGMがいい！」というこだわりが湧き起こってしまう。盗賊っぽいってなんだよって？　そんなこと僕が聞きたいくらいだ。それ以外にも、フォントやロゴ、デザインなど考えなければいけないことは山のようにある。頭がパンクしそうだ。


だから、「編集やりたくないなぁ」って思う日も当たり前にある。編集やりたいって思うことの方が珍しいくらい。そんなときは、自分を追い込むためにSNSで動画の告知をすることにしている。

告知に対して視聴者から嬉しいコメントをもらうと、編集意欲が高まってくる。「みんなが楽しみにしているから編集頑張ろう」って気持ちになればこっちのものだ。本当に視聴者の人には助けられているなぁ……。

他にやる気が起きないときにしていることといえば、好きな映画を見ること。ジャンルとしてはSFやサスペンス系のものが好きで、『セブン』や『バック・

トゥ・ザ・フューチャー』は今でも見返したくなるほどだ。いい映画を見ると「こんなにいい作品を作っている人がいるんだから自分も頑張らないと！」って気持ちになってくる。映画と比べてどうするんだって感じだけど、頑張っている人を見ると自分も頑張ろうって思うのと近いのかな。

ゲーム実況は僕にとって楽しいことだけど、だからといってそれに関わることまで１００％楽しめるわけではない。それはきっとみんな同じだと思う。ただ、好きなことを嫌いにならないように、たまに休んだり自分の気持ちを盛り上げることを知っているだけで乗り切れることとって多い気がする。

僕のやる気スイッチは僕一人では押せない。支えてくれる人だったり、好きなものに助けられて、今日も編集している。

6

大事な人を守りたい

〝マインクラフターの日常〟というシリーズを終え、一度日常組に区切りをつけた後、僕は先輩の赤髪のともさんと頻繁にコラボするようになっていた。当時は、コラボ相手の動画でも立場を考えることなく、話したいことを話していたから、コメント欄で「ぺいんとうるせぇ」「声がでかい」と言われることがよくあった。

振り返れば、あんなにベラベラと話さなければ良かったなと思うけど、おしゃべりが好きだったからそう言われるのも仕方ない（笑）。次から気をつけようと思っても、いざカメラが回りはじめるとまた話している。

うるさいとか、声がでかいっていうのは、まだ自分の中で改善の余地があるからいいんだけど、活動を続ける中で「ぺいんとはいらない」ってコメントをもらったことがある。

このコメントには結構へこんだ。いらないってことは、僕がいなくなるしかその人の願望は叶えられない。自分が好きでしている活動を、受け入れてもらえないって結構傷つく。その人にとっては僕がいない方が面白いんだなと思うと、自分の存在を否定されたような気分だ。

僕は、ネガティブコメントをもらったとき、ちゃんと傷つく。だけど、僕が否定されるよりももっときついことがある。それは、自分のコラボした相手や、メンバーがコメントで攻撃されることだ。

僕は、一緒に活動している人に楽しんでゲーム実況をしてほしい。ネガティブコメントに左右されて、自分の大切な人が傷ついているのを見るのは耐えられない。

自分に向けられたコメントは自分で消化できるけど、誰もがそんなふうに消化できるわけではないと思う。もし思い詰めてしまったら……？と考えると、気が気じゃない。

基本的に、日常組の視聴者はいい人ばかりで攻撃的な人は少ないけど、それでもほんの少しは悪意を持っている人がやってくる。そんなとき、僕は自分の大切な人を守るために、ネガティブコメントを削除することにしている。

コメントを削除するなんて、小さな人間だと思うかもしれない。だけど、僕たちの視聴者もいい人ばかりだから、たとえ僕たちが無視していたとしても、ネガティブコメントをした人と戦ってしまうのだ。視聴者同士でケンカが始まり、ネガティブなサイクルは広がっていく……。

そうなってしまっては、動画自体を楽しんでもらうことが難しくなってしまう。それだけは嫌だ。僕たちのことを応援してくれる人のことも、一緒に活動しているメンバーも、そして大切にしている動画も僕は守りたい。

昔は、僕もネガティブコメントと戦って、納得させようと躍起になっていたことがある。だけど、その労力は時間もかかるし、なにより心が疲弊していった。同じ時間を使うなら、自分を支持してくれる人のために使った方がいいんじゃないか？と思ってから僕は戦うことをやめ、削除するようになった。日常組の動画は僕たちだけのものじゃない。それを見てくれている視聴者のための動画でもあるのだ。

7

承認欲求の塊

最近では、承認欲求を持つことがマイナスに捉えられている。「人に認めてもらうために行動するのはやめよう」とか「自分の機嫌は自分で取る」とかね。だけど、承認欲求ってそんなに悪いものだろうか。

少なくとも僕は、動画を通して認められたいっていう気持ちがあるし、動画を上げる人たちの中で、承認欲求がない人なんているの？って思ってる。いや、動画を上げる、上げないにかかわらずみんな本能として標準装備されているはずだ。人間なら誰でも持っている気持ちなら、それは認めてあげてもいいんじゃないだろうか。

自己満足だけで動画を上げている人が本当にいるなら、それってすごいこと。僕にはできない。だって、誰にも認められなくていいって考えてたら、動画なんて作らなくていいやって思っちゃう。

僕も最初は、ゲーム配信を残したいって気持ちから始まったけど、最終的に数字が伸びてきたら人に認めてほしいって思うし、数字を伸ばして先輩に認められたいってどうしても考えてしまう。

逆に、その気持ちがあるから動画を続けるモチベーションになっている部分も少なくないと思う。誰かに認めてもらうために行動することは、活力になるし、誰もがなにかを行動するときって、その先には承認欲求があるはず。それは、無意識レベルかもしれないけど、自分のやったことを誰にも認めてもらえないって想像すると悲しくならない？　だから、誰からも承認欲求っていうのは切り離せないんだと思う。

少し話は広がるけど、誰かに認められたいって気持ちがあるから、人間はより速い新幹線を開発するし、飛行機は空を飛んだんじゃないんだろうか。

自分の仕事を誰かに認められれば嬉しいと誰もが感じるはず。褒められたのが嬉しくてやる気が出たって経験をした人も多いでしょ？　そういうものが自分を進ませてくれたって実感が、僕の中にはたくさんある。

とはいえ、承認欲求と上手に付き合っていくのは大切だ。他人に強く依存すると自分がつらくなるっていうのも分かるから。そういう意味では、家族でも恋人でも、友人でもいいから自分のことを認めてくれる人がいるのは大切なことかもしれない。一緒にいるだけで救われるような関係は心地いい。

僕はそういう関係を日常組のメンバーと共有できていて幸せだ。人はひとりでは生きていけない。誰かに支えられ、認められて自分の存在意義を見つけていくんだから。

承認欲求が完全に満たされることはきっとないけど、それだって悪いことじゃない。もっと高みを目指していく原動力がそこにはある。承認欲求を否定して、そぎ落とそうとしたら大切ななにかも抜け落ちてしまう気がして、僕にはできそうにない。

8

青春を取り戻せ

僕は、中学生の頃も高校生の頃も学校の友だちと学校帰りにどこかに寄り道をして遊んだりすることがほとんどなかった。それは、ゲーム実況にのめり込んでいたからというのもあるけど、友だち付き合いが上手にできなかったのも大きいと思う。人見知りが発動して、いじられることが多くなってから積極的に人と話すことができなかった。

中学時代、クラスの中で楽しそうに過ごしているクラスメイトを見て羨ましいと思っていた。当時の僕は決まったグループがあったわけでもないし、自分の居場所がすごく不安定で寂しかったのを覚えている。いわゆる「いつメン」みたいなものを、経験したことがなかったのだ。

アニメや映画の中で、生徒たちがキャッキャッと笑い合っている風景でしか青春を感じたことがない僕にとって、そのイメージは憧れへと変わっていった。

だけど今、日常組の中で昔からの友だちと笑いながらゲーム配信をしていることや、企画について真面目な顔で話し合う時間に、僕は青春を感じている。なんでか分からないけど、「これが僕の青春だ」って感じがする。その風景はアニメや映画で見たものとまったく同じとはいかないけど、似たような匂いがする。

僕は、記憶から消し去った中学・高校時代の青春を取り戻している。その姿は、大人になってまでくだらないことをしているように見えるかもしれない。だけど、大人になってから子どもみたいなことをするのがたまらなく楽しい。あの頃の青春と引き換えに今があるなら、僕は学生時代に経験しなくて良かったと心から思う。

CHAPTER 4

引きこもり、今日も家にいます

1

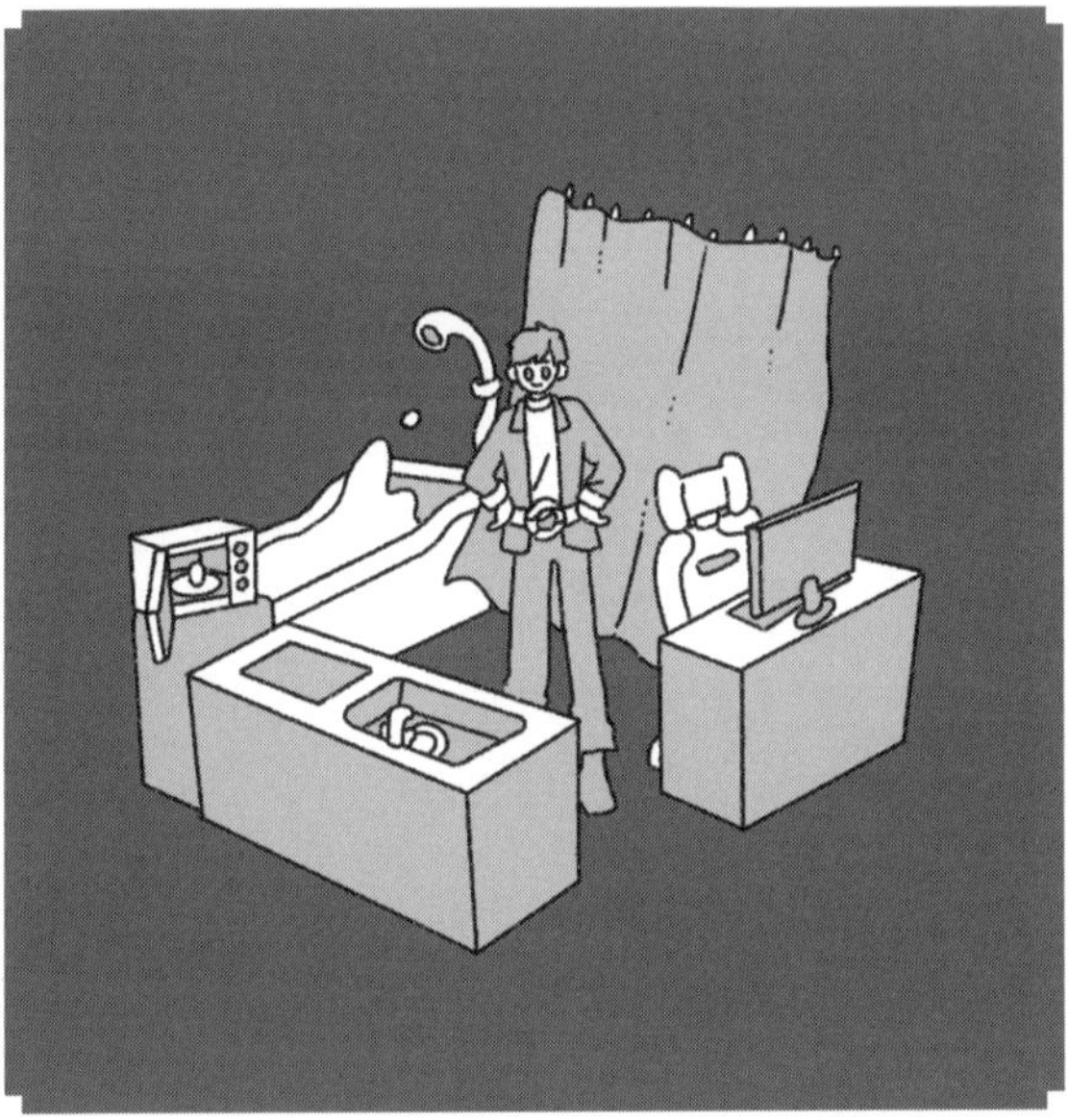

家は僕の城

今の家に引っ越したときに初めて出合ったのがディスポーザー（キッチンシンクの排水口に設置可能な生ゴミ粉砕機。シンクに生ゴミが溜まることがなくなるので便利）と追い炊き機能だった。初めてディスポーザーを見たときには、映画で出てくるような腕が飲み込まれるアイテム的な感じがして若干警戒心を持っていた。

だけど、使ってみるとまぁ便利。キッチンシンクに生ものや果物の皮などを、そのまま流せてしまう。ある意味、飲み込んでいくスタイルは予想どおりだったけど、その印象はかなり変わった。次に引っ越すときにも、絶対にディスポーザーのある家にしようと思うくらいだ。

僕はお風呂に入るのが好きで、長いときには3時間〜4時間はずっとお風呂に入っている。お風呂の中で漫画を読んだり、歌っているだけであっという間に時間が過ぎ去ってしまう。

そんな僕のリラックスタイムを助けてくれているのが追い炊き機能だ。実家のお風呂には追い炊き機能が付いていなかったから、温度の調節が難しかったけど、この機能のおかげでボタン一つでちょうどいい湯加減だ。

少し話はずれるけど、大人用の仮面ライダーベルトっていうのが売っているのはご存じだろうか。ちょっと値段が高いけどめちゃくちゃ高クオリティー。本物にしか見えない。お風呂上りにその仮面ライダーベルトを腰に巻き、きちんとポーズを取っていることもある。考えてみれば、1週間に一度はしている。仮面ライダーっていうのは、人前で変身することがないから、僕も絶対に一人のときにしかしないんだ。意外に設定は守るタイプよ、僕。

部屋を選ぶときに、多くの人が気にする日当たりも僕には関係ない。カーテンを閉め切っているし、洗濯物も洗濯機が乾燥までしてくれる。

僕が開けないのはカーテンだけじゃない。みんなは「あんまり家から出てない」って感じるとき、どれくらい家から出ていないんだろう。これは僕の想像だけど、1週間家から出なかったら、「最近外に出てないなぁ」って思うんじゃないかな。……もしかしたらもっと短いかもしれない。

でも、僕レベルの引きこもりになると1週間なんてザラ。本当に1ヶ月家から一歩も出ないことだってある。その間、ご飯は出前がほとんどだし、たまに親が家に来てくれて作ってくれる。消耗品はネットで届くから、買いに行かなくてもOK。

家から出ない生活なんて嫌だって思う人もいると思うけど、僕にとってはめちゃくちゃ快適な空間で気に入っている。

2

サバイバルダイエット

今も家から出ない生活をしているのは変わらないんだけど、昔は自分の食べたいものを食べたいだけ頼むっていう生活をしていたから、２０１６年～２０１７年にかけて、僕は信じられないくらい太っていった。

自分が太ってきているのはなんとなく分かってたけど、声の質もそんなに変わらなかったから視聴者に指摘されることもなくて、「まぁ大丈夫だろ」くらいに思ってた。今振り返れば、どのくらい太ったのか知りたくなくて体重計を避けていたから、本当はもっと強く自覚してたんだろうな。

ちなみに、当時の体重は、１００kgにギリギリ乗らないくらい。「１００kgを超えるには才能が必要」と言われているくらいだから、きっと僕はあのまま食べ続けても才能を開花することはできなかっただろう。

そして、２０１８年の4月。扁桃腺が腫れたことで高熱に浮かされ、病院へと運び込まれることになった。そして、治療のために看護師さんが僕の腕に注射の針を何度も刺すのだがなかなか入っていかない。10回くらいは刺しただろうか……このとき僕は頭の中である考えが浮かび上がってきた。

今回はただ熱が出ただけだからまだ良かったかもしれないが、もっと深刻な状態だったとしたら、注射が刺せない身体では満足な治療が受けられないかもしれない。最悪の場合、自分が太っているせいで死ぬかもしれないんだ。

さらに、たくさんの患者を見なければいけない看護師さんにも迷惑をかけているし。自分の好きなものを食べるのはいいけど、これはさすがに痩せなければ……。

こうして、僕はダイエットを決意した。家の中で筋トレしても、絶対に途中でだらけてしまうと思った僕は、かの有名なライザップへと申し込みに行くことに。人見知りで、家が大好きな僕が外に出てダイエットするなんて、これには並々ならない覚悟が必要だった。

初めての場所やはじめましての人に会うのはやっぱり怖い。トラゾーに「一緒に通ってくれない？」と言うと、すぐにＯＫ。半年の間、もちろん会費はすべて僕が払わせていただきました。

初めてのライザップは、とにかくきつかった。太るのはすごく簡単なのに、痩せるのは笑えないほどつらい。腹筋しただけで酸欠になって、失神しそうになった。それでも、トレーナーさんがすごく良い人で、めちゃくちゃ応援してくれる。一人でやってたら1回目で心が折れていたと思うけど、誰かが近くで応援してくれるって、効果があるよね。

1年かけて30kgのダイエットに成功し、それからというもの生活習慣には気をつけるようにしている。通っているときに、トレーナーさんから「たくさん水を飲んでくださいね」と言われ、実践してみると身体が楽になった気がしたので、今でも続けている。その結果、最近はジャスミン茶や無糖の紅茶が家の中に6〜7箱ないと落ち着かない身体になってしまった。

3

人見知り

レジェンド

あえて書かなくても、もう分かっていると思うけど、僕は結構な人見知りだ。例えば、服屋さんに行っても話しかけられると緊張して汗が止まらない。そんなときに「試着してみますか？」なんて声をかけられたらもう無理だ。試着したら、滝のようにかいた汗が服についてしまう。そんな申し訳なさが立ちはだかって、試着ができない。

だから、通りがかりに横目で服をチェックして、ピンときたらササッと買うことにしている。レジでのやり取りすら苦手だから、「当店のカードはお持ちですか？」とか聞かれると、頭は真っ白。なんて答えたらいいのか分からない……。

ゲーム実況ではあんなに話せるのに、なぜレジでは話せなくなってしまうんだろう。やっぱり対面でのコミュニケーションが苦手なのかもしれない。

日常組のメンバーと外食するときには、僕の財布をトラゾーに預け、ひどいときは支払いを済ませてもらうことが多々あった。僕はレジが苦手だし、トラゾーはご飯がタダで食べられるので勝手にWin-Winの関係だと思うことにしている。

少し前までは、外食するときも基本的には個室がある場所じゃないと入れなかった。しにがみくんとトラゾーの3人で一緒に通っていた焼肉屋さんは、条件がバッチリ合っていたのだが、あるときそのお店が全焼してしまった。僕が行ける数少ないお店だったのに……（泣）。スマホの検索画面に「ひとり焼肉」と週に一度打ち込んでは、行かずに終わるという日々が続いている。

引っ越しを機に今まで通っていた美容院に通えなくなり、新しい家の近くで探したのだが、最初のうちはほとんど会話ができなかった。2年ほど経って、ようやく少しずつ自分のことを話せるようになったけど、それでも道のりは長い。

あるとき、髪を切ってもらっているときに「どんなお仕事をされているんですか？」って聞かれてめちゃくちゃあせったことがある。あせりすぎて「ゲームをして稼いでいます……YouTubeで……」と正直に話していた。まぁ、ここで嘘をついてしまうと、これから通うたびにずっと嘘をつかないといけないからいいんだけどね。長い間お世話になるんだから、極力嘘がない状態が心地いい。

だけど、ゲームをして稼ぐっていうとプロゲーマーみたいな人だと思われることが多くて、勝手に「わ〜！　すごいですね」と話が進んでいくことがある。「……違うんです。僕はゲームのテクニックがあるわけじゃないんです」って説明したいんだけど、ゲーム実況の世界を知らない人に、僕の活動を理解してもらうのって結構難しい。

スーパーに行くのも苦手。セルフレジなら買えるんだけど、僕の家のまわりはまだまだ有人レジが多いから、人見知りが発動して買い物ができないのだ。

好きな映画から影響を受けてキューバサンドを作ったときにはさすがに買い物に行ったけど、自分の熱量が高まっていないと買い物にはでかけられない。

4

自分だけの
ルーティーン

僕が毎日していることと言えば、ＰＣを開くことと映画を見ることくらい。ルーティーンというほど時間が決まっているわけでもないし、どちらかと言えばやりたいと思ったときにやりたいタイプ。

だけど、自分の生活をルーティーンで縛られたくないとは思いつつ、人に「ルーティーンがあるんだよね」って言えることがカッコよく見えてしまう。どうせやるなら自分だけの特別なルーティーンがいいなぁ。

もはや、筋トレをするっていうのは普通過ぎるし、一周まわってラジオ体操がルーティーンって言える方がカッコいい。……まぁ、やらずに妄想で終わるんだけどね。

ルーティーンがあると、時間が効率的に使えると言う人もいるけど、僕は「コレをやらないと始まらない」っていう状態だと、自分がそのときにやりたいことの障害になってしまう気がしてる。

だから、「毎日必ずこんなことしてますよ」って言う人を見てカッコいいなぁとは思うけど、多分僕には向いていないんだろうな。

もしも、お風呂上りに付けている仮面ライダーベルトを、毎日同じ時間に付けることにしたらやっぱり気持ちは盛り上がらない。好きなときに付けるから楽しいのだ。

決められた時間に変身するなんて、仮面ライダーのサラリーマン化にも繋がってしまう。「あ、今日はもう定時なんで変身できないんですよ」ってなったら平和を守ることなんてできないのだ。

ただ、僕にもめちゃくちゃ限定的なルーティーンがある。毎日していることではないけど、お寿司を食べるときにだけそのルーティーンは現れる。

僕はエビが大好物。食べる順番も決まっていて、まず最初に甘エビを4皿食べて、次に普通のエビを2皿、期間限定品のエビ……そして甘エビへと戻っていく。多分、エビに呪い殺されるくらいは食べていると思う。これが唯一といっていいくらいのルーティーン(笑)。全然カッコよくないなぁ。

話は逸れるけど、焼肉屋に行って焼きエビを食べるとき、僕は殻ごと食べる。バリバリ食べる僕をまわりにいる人は変な目で見てくる。殻から出汁を取ることもあるんだから絶対美味しいのに、なぜか「そんなところまで食べるんだ……」みたいな目を向けられることがある。

顔の方は食べる瞬間に目が合ってしまうからさすがに遠慮してるけど、エビは殻までがエビだからね、マジで。

5

止められないストック癖

職業柄、ＰＣを使うことが多いので目薬は必須アイテム。中でも、清涼感が強いクール系の目薬が僕のおすすめ。もう長いこと同じ種類の目薬を使っている。毎日目に清涼感を求めてしまうので、すぐなくなってしまう。いざ使うときにないと不安なので、僕の家には同じ目薬のストックが常に20個はあるのだ。

他にも緊急事態宣言が出たタイミングで、「このままだと出前がこないかもしれない」と不安になり非常食を買いまくったことがある。ライザップのトレーナーにすすめられたサバ缶を、何種類も買って戸棚がいっぱいになってしまった。違う棚には鍋用スープを貯め込んでいる。１年を通してほとんど家から出ないので、夏の時期も鍋が食べたくなることがある。でも、夏になるとスーパーからは鍋物コーナーが姿を消してしまうので、冬に買いためておかなければならないのだ。この機会を逃してしまうと、夏に鍋が食べられなくなってしまう。

撮影用に必要な物も場所を占領している。動画編集用のマイクは現在７本。実際には３本しか稼働していないけど、マイクって使ってみないと自分に合うのかが分からないし、高いから合うってわけでもない。動画にこだわる以上仕方ない。必要経費だと思うことにしよう。

実家に住んでいたとき、母が僕の部屋を掃除してくれて、そのときに僕がため込んでいたキーボードやマウスを捨ててしまうことがあった。

あるとき、使っているキーボードの作動音が気になって取り替えようと思ったら、3万円のキーボードが忽然と姿を消していた。そのとき初めて「あぁ、捨てられたんだな」と気がついた。

目の前で捨てられたらきっと嫌だし、「キーボードもマウスも消耗品だよ！」と食い下がるだろうけど、知らないところで捨てられているなら、仕方ないか……と諦められる。

僕は物を捨てるのが苦手で、放っておくとどんどんとため込んでしまうから、母が僕の知らないところで調整してくれるのは非常にありがたい（笑）。

世の中では、ストック癖のある人は面倒みたいだ。母からも、「こんなに買っていつ使うの？」と聞かれることがあるのだが、「いつか使う」としか言えない。

僕が予備を買っておいて良かったなと思うのは、キーボードが水に濡れて壊れたりしたときなのだ。そんなことを事前に予測なんてできない。それに、実際予備がなかったらめちゃくちゃ困ったことになる場面は今までにもたくさんあった。

僕はやりたいと思ったときに、やりたいことができないとストレスが溜まってしまうから、予備を持っていることは自分を守るためのケアでもある。それなのに、なぜかストック癖は理解してもらえない。……なぜだ。

6

課金ゲームへ還元

小学生の頃に、初めてPCゲームに課金したときの興奮は忘れられない。それまでずっと無料でやっていたのに、夏休みになってゲームをする時間が長くなればなるほど、課金欲が増していった。夏休みのある日、僕は耐えきれなくなってついに2万円ほど課金することに。今まで時間がかかっていた育成も、お金があればものすごいスピードで進むんだって分かったらそれだけで楽しい。だけど、当時の僕はまだ小学生。課金したことが父親にバレて、信じられないくらい怒られた。

友だちがSSRのカードを持っていて、よく遊んでいた人たちの中では自分が一番格下。ゲームが手に入らなかったときと同じように、やっぱり置いていかれたような寂しさをこのときも感じていた。最近は、課金しすぎて生活できなくなってしまったり、小学生の頃から課金にハマって金銭感覚が狂ってしまう子がいるらしい。確かに、それは問題だ。でもだからといって課金の要素がすべて悪かといったらそうではない。

もし、僕に子どもがいたとしたら、ただ強くなりたいだけの理由で課金したいなら止めると思う。だけど、友だちと楽しむためなら止めないだろう。そうだな……具体的な金額でいうと月に5万円くらいなら課金を許すかもしれない。

ただ、スマホのゲームもいいけど、やっぱり僕はいわゆる家庭用ゲーム機やPCゲームをすすめたい。確かにスマホのゲームはどこでもできる。だからこそ、飽きも早いと思うのだ。

僕の場合、スマホのゲームをコンテンツが終了するまで遊びきれた経験があまりない。途中で飽きては他のゲームにハマるというのを繰り返してきた。アップデートされたタイミングで、より強い武器、より強いキャラが生み出されて、どんどんインフレ化していくのがスマホゲームの特徴。

一方、家庭用ゲーム機やPCゲームは1本のソフトを購入すると、エンドコンテンツまで遊べるようになっている。エンディングを見て、「このゲームはやりきったぞ」と思えたりするのだ。もちろん、その先のやりこみ要素はあるけど、それはお好きにどうぞというスタイル。ストーリー性のあるゲームの場合、最後まで見届けられたときの感動は大きい。

そんなことを言っているけど、僕も今までスマホゲームに何度も課金してきた。今でもコンスタントに課金しているアプリはあるし、スマホゲームにどっぷり浸かっている。過去にはスマホゲームの中でギルドマスターをやっていたし、そのときは毎日のようにログインしていたと思う。

まぁ、でもゲームで稼いでゲームに還元していると思えば、良いサイクルなんじゃないかな……ということにしておこう。

7

映画館を
貸し切りたい

僕は、昔から映画が好きで子どもの頃はご飯を食べるときに「今日は何の映画を見る?」と決めるのが当たり前だった。壁にはたくさんＤＶＤが立て掛けてあって、何度も同じ作品をリピートすることもあった。

今でも1日1作品は見ていて、休みの日には家に家族を呼んで映画鑑賞会を開いているくらいの映画好き。見終わったあとは、お互いにどんなところが良かったとか、もし昔の映画を再びリメイクするとしたら誰に演じてほしいかなどを話している。そんな時間も楽しくて仕方ない。

僕には映画館を貸し切りたいという夢がある。その映画館では、自分が見たい映画だけが上映されていて、いつ行ってもお気に入りの作品が見れる。あー、めっちゃ理想的だ。

実際に貸し切れないか問い合わせたこともあるけど、自分が好きな映画を流すというのは基本的にできないらしい。やっぱり、映画を映画館で見るためには上映されているときに見に行くのがベストってことなんだろう。見逃したら映画館では一生見れないかもしれないと思うと、つい通ってしまう。

ちょっとマナー的にどうなんだって思うかもしれないけど、僕は映画館に行くときに自分の左右の席もまとめて買うようにしている。隣に知らない人が座っていると、「何をしているんだろう」と気になってしまうからだ。

例えば、隣の人がポケットに手を入れて何かを探していると、気になって映画どころではない。咳をしているとか、ハンカチを探しているとか、その程度のことだけど近くにいる人の行動を目で追ってしまう。気がつけば、長い時間隣の人ばかりを見て、スクリーンを見ていなかったということもある。僕は、人間観察しに来たんじゃなくて、映画を見に来たはずなのに……！　だから、超人気作で席が取れないというとき以外は、大体僕の座る席の両隣は空いている。

僕は自分が誰かにひどいことを言われても泣けないのに、感動系の映画を見ると一発で泣ける。例えば、つらい内容の映画を見ても「こんなに悲しい思いをしてかわいそうだ……」と主人公の気持ちを考えてしまうけど、いざ自分がコメント欄で叩かれて悲しい思いをしたときは「こんなことでつらいなんて甘ったれるな！」と思ってしまうのだ。純粋に泣くことに没頭できるのも、映画の魅力なのかもしれない。

映画の影響を受けて、007のオリジナルカクテルの材料を調べて、ヴェスパーを作ったことがある。一人でジェームズ・ボンドを意識して、カッコいい大人風に飲んでいたら見事に酔っ払った。

僕の記憶にはないんだけど、朝目覚めてリビングに行くと辺り一帯にジャスミン茶がまかれていた。相当酔っていたのだろう。僕がカッコいい大人になるまでには根気と時間が必要みたいだ。

8

制限があったからのめり込めた

僕は子どもの頃から飽きっぽい性格で、習いごともほとんど長続きしなかった。ピアノに触れる機会があったのに、途中で投げ出してしまったのは今でももったいなかったなと思う。

もし、今でもピアノを続けていたら、「歌ってみた」の動画を作るときに、もっと良いアイディアが湧いてきたかもしれないし、ミックスや編曲など自分でできる部分が増えていたかもしれない……なんて思う。今から覚えるには時間もかかるし、撮影や編集で忙しいからあまり現実的ではない。

子どもの頃にはその有り余る時間に気がつかない。小学生の頃は、あの時間がずっと続くと思っていたし、忙しくて時間がないなんて想像もできなかった。毎日友だちと会って、くだらない話をして、ピアノもまた興味が出たらやればいいやって思っていた。

でも、大人になり働くようになって初めて、一日の間に自分のために使える時間って意外にないんだなってことに気がつく。今、友だちと学校生活の延長線上にあるような生活を送っている僕でさえ、「もっと遊べただろ！」と思うんだから。

だけど最近になって、子どもの頃は自由に遊べるという環境も大事だけど、それと同じくらい縛りがある環境も大事なんじゃないかって思うようになった。

例えば、僕の場合は小さい頃にみんなとゲームができない環境があったから、ある程度大きくなってから人とゲームすることに固執するようになったのかもしれない。当時は、友だちとゲームの話ができなかったのは寂しかったし、今でも僕の近くで自分が知らないゲームの話題で盛り上がっていると、なんだか寂しい気持ちになる。

子どもの頃にダメって言われたことやできなかったことは、大人になってできるような環境が整ったらやりたくなるものだ。人間ってそういうところあるよね(笑)。

もし、「ゲームやりすぎだよ!」とか撮影しているときに「うるさい!」と言われてなかったら、早々に飽きて今頃はただのゲームオタクだったかもしれない。

僕の性格上、ダメって言われると時間がかかったとしてもやりたくなってしまうし、制限がある中でどうやって突破したら良いのかを考えるのが楽しいのだ。もしも、子どもの頃に、完全なる自由を与えられて、なんでもやっていいよと言われてたら、きっと僕たちは何をしていいのか分からなくなるはずだ。それよりは、誰かにダメと言われたことをどうやったら実現できるかという反骨心の方が、エネルギーになる。

もしかしたら、親という生き物は、自分の子どもには自由でいてほしいと思いつつ、束縛して反骨心を芽生えさせたいと思っているところもあるのかもしれない。

9

自分を認めてくれる場所

僕は、今でこそ好きなことをして暮らしているし、まわりから見たら自由に生きているように見えるかもしれない。でも、僕も高校生のときに進路を考えたときには「大学に行かないと」って心から思っていた。そのときのことを振り返れば、なんで大学に行くことにこだわっていたのかは分からない。自分で考えて導き出した答えではなくて、まわりに影響されていたんだろうな。大学に行くのが当然のような雰囲気って、なんとなく感じていたし。

まわりの大人たちから「夢や目標を見つけろ」って言われたこともあった。だけど、他人の作った目標を追っていった先に自分が楽しめるものなんてないと思う。なぜなら、自分の思う楽しさとまわりの人が思う楽しさは違うからだ。

中学生や高校生のときに、僕がクラスメイトと同じように遊んでいたらきっと今の環境はなかった。だから、みんなにも自分が楽しいと思うことや、やってみたいと思うことを見極めていってほしい。まわりで見ているだけの人が「そんなの将来性ないじゃん」とか「ゲーム実況なんてやってて意味あるの?」なんて言ってくることもある。だけど自分がやっていることに、いつ意味がつくのか、誰が意味を見つけてくれるのかは分からない。

僕たちの活動も、最初はお金にもならないただの趣味でしかなかったけど、今は150万人のチャンネル登録者が僕たちの背中を押してくれる。きっと、人に言われるがまま進んでいたら、こんなにたくさんの視聴者に愛されることもなかっただろう。

僕たちの動画を見てくれている視聴者に改めてお礼を言いたい。いつも本当にありがとう。僕が体調を崩したときも「無理しないでね」「大丈夫だよ」と声をかけてくれるし、動画投稿の時間が遅れても怒ることなく受け入れてくれて感謝してます。その温かさに甘えて、動画が何日も上がらないこともあるけど（笑）。

これからも日常組の動画を楽しんでもらえるように頑張るので、引き続きよろしくお願いします！

[illegible]

日常組
交換日記

{COLUMN}

Nichijo_Gumi　Exchange Diary

peintooon

kuronoooa

sinigami1212

torazone

今日の書き手

ぺいんと　通称：黄色爆弾

年齢　25

特技　頭皮すごい動かせる　←こわ…… し

最近の出来事

2ヶ月ぶりにちゃんとした外出をした。
話しかけられてファンかと思ったら
服にタグがついたままで教えてくれただけだった。

フリースペース

なんか知らんけど…
左乳首がかゆい!!!

みんなからひと言

クロノア：親切な人もいるもんだね～。いい人だ！

しにがみ：乳首とれば？

トラゾー：右乳首は？ 右乳首もかまってあげてよ、かわいそう

今日の書き手

クロノア　猫（人間）
↖ 犬です。

年齢
26

特技
クラリネット、ゲーム

最近の出来事

青山にある「KITAYA六人衆」というお店の
どら焼き
チョウ オススメデス。

次会った時買ってきて　ぺ

フリースペース

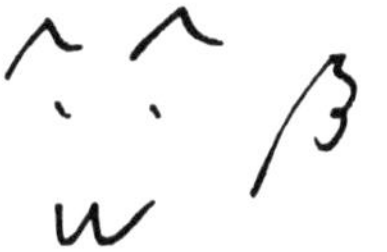
← これなんだと思う？

みんなからひと言

釣竿ね？ちょっと簡単すぎっすよ。
ぺいんと

13？
しにがみ

つりざお
トラゾー

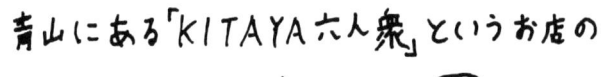

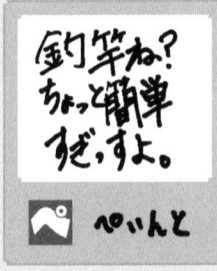

今日の書き手

しにがみ　かわいい担当を返せ。

はじめて知った！（ぺいんと）

年齢	特技
24万	ゲームづくり

最近の出来事

運動会で優勝した。文化祭の演劇も大成功だった。ゲーム実況も始めてみたい。

フリースペース

☆日常組勝手にランキング☆

1位 しにがみ　2位 クロノア

3位 トラゾー　4位 しにがみ

カス（ぺいんと）

みんなからひと言

ぺいんと

過去の日記から引っ張ってきたの？ｗ

クロノア

この中にうそが[redacted]個あります。どれでしょうか！？

トラゾー

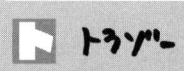

今日の書き手

トラゾー  最近マンガ家に転職しました。

←なにこれ？ ぺ

年齢

26

特技

ひとをあやめること

←本性だしたね ぺ

最近の出来事

しにがみさんにこの交換日記の紙を印刷した上、ペンまで届けた。
ペンくらい持ってて!!!!!!!

トラゾーが悪い↗ ぺ

←モザイク入れろ し

フリースペース

日常ロンワ 絶賛発売中!!
(単行本第1巻)

みんなからひと言

ぺいんと：エッセイ発売中！

クロノア：商魂たくましくて大変よろしい！ あと特技こわ…

しにがみ：このペン、ボクのじゃね？

しにがみ いやコレのです。 トラゾー

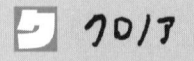

CHAPTER 5

妄想が今日も止まらない

―ぺいんとの短編小説

あなたの正体

僕の父さんはナゾだ。家にいるときは基本的に静かだが、喋り出すと止まらない。そして意外と声はでかい。

子どもじみたものが好きで、僕が一時期夢中になっていた「能面ライダー」の大ファンだ。連日深夜に帰ってくると思ったら、1週間くらいずっと家にいたり。

性格も子どもみたいにふざけた性格で、実質2人の御守りをさせられている母は本当に大変だなといつも思う。小学生の頃に〝両親の職業についてインタビューをしてくる〟という課題を出された時、父だけは頑なに答えてくれなかった。

「まだ、時じゃない」

いつもこのセリフだ。母さんを問い詰めても、はぐらかされるだけで何も教えてくれない。僕はせめてもの反抗で「父は宇宙飛行士」と嘘の内容で発表したのを覚えている。結局父さんの職業は分からないまま中学1年生になった。

いつもふざけた性格の父にも、もう慣れてしまった。なにか怪しい仕事でもしているのか……？　なんて妄想を何度かき消したか分からない。

（でも、職業くらい教えてくれたっていいじゃないか……）

新しい学校では僕は少し浮きがちだ。友だちと呼べる人はまだいない。放課の間は基本的に寝ているフリをする。クラスメイト達の会話をこっそりと聞く地獄耳だけは上達した。

「ねえ、このゲーム実況マジで面白いよ～！」

「知ってる！　日常組でしょ？　私しにがみが好き！」

「いや、やっぱりクロノアでしょ！」

「バカだな、やっぱり筋肉でしょ！」

女子たちが、人気ゲーム実況者グループの動画を見ながら話をしている。スマホからは陽気な声が聞こえてくる。

（日常組？　名前は聞いたことはあるけど動画は見たことないなぁ、僕はそれよりももっと落ち着いた解説実況とかが好きだ！）

なんて空想で会話に交ざっていると先生が教室に入ってきた。

「授業の前に、今年のＥスポーツ大会について話したいと思いま〜す」

き、きた……とうとうこの季節がやってきた！

夏に行われる毎年恒例行事『Ｅスポーツ大会』。どうやら昔は〝運動会〟と呼ばれていたらしい……。実は僕、かなりのゲーマーで、自慢じゃないが小学2年生から6年生まで毎度学年の部で優勝を飾っている。

（中学生になって初めてのＥスポーツ大会！　絶対に優勝して皆の注目を浴びてやるぞ！）

僕はとてもやる気に満ち溢れていた。

そう……先生のあの言葉を聞くまでは……。

「皆さんは中学校で最初のＥスポーツ大会なので、今回は親子対抗でやりたいと思いま〜す！」

〝親子対抗〟……それは遡ること数年前、小学1年生の頃のことだ。

僕が唯一優勝を逃した年、この時も親子対抗のEスポーツ大会だった。母が一緒にプレイしてくれたのだが、結果は惨敗……クラスの中でも最下位という結果になってしまった。そう、母はとてもゲームが下手なのだ。

なんてこった、このまま母と出場なんかしたら絶対優勝できない……じゃあ、父さんは？　いや、父は授業参観に一度も来てくれた事がないし、ゲームをしているところなんて見たことがない。どうしても優勝したかったので母に頼み込み、それから僕は夏休みを返上して母と2人でゲームの特訓に明け暮れるのであった……。

夏休みが終わり、いよいよ大会の日の前日、なんと母が体調を崩してしまったのだ。このままでは大会出場すら危うい……。申し訳なさそうに謝る母、これればかりは仕方ない。また来年頑張ればいいいさ……。

大会当日、教室にあった黒板が大画面のモニターになっており、大会用のゲーミングパソコンが机に並べられていた。しかし、僕の席にはそれがない。見学席に座って大会の様子を眺めることしか僕にはできない。

「それじゃあ、皆さん自分のアカウントにログインしてくださいー！」

『〇〇〇がログインしました。』

皆のログインメッセージがモニターに表示される。

(夏休みあんなに練習したのになぁ……)

いつも感情をあまり表に出さない僕だが、今回ばかりはどうにもならない悔しさにふと泣きそうになった。

「それでは……第一試合を始めたいと思います！」

「ちょっと待った！」

聞き覚えのある声にふと顔をあげるとそこには父がいた。

「遅くなってすみません、まだ参加できますか？」

突然の父の登場に教室がざわつく。

「まだ始まってないので大丈夫ですよ！」

先生がそう言うと、2人分のゲーミングパソコンを設置してくれた。正直、来てほしくなかった。体調不良で参加できなくなった母の代わりに、父に参加してもらおうと最初は思ったが、あえて誘わなかったのだ。せっかく大会に参加するなら優勝したい、中途半端な結果は僕のプライドが許さない。むしろ参加せず見学する方がまだましだ。そう内心思っていたからだ。

「まだ～？」

クラスの誰かがそう呟いた。仕方ない、急いで父と席について僕はＩＤとパスワードを入力した。

『○○○○がログインしました。』

すると、父がこちらに向いて、まるでダンジョン奥深くにある、宝箱を開ける瞬間のような表情で僕にこう言った。

「時が……時が……来たようだな」

父は慣れた手つきでＩＤとパスワードを入力する。

『peintooonがログインしました。』

モニターのログを見てクラスメイトのひとりがこう言った。

「あれ？〝peintooon〟って、ぺいんとじゃね？」

「え、ぺいんと？」「日常組の？」と一部のクラスメイト達がざわついている。

視線が一気にこちらに集まる。いったいどういうことだと僕が父の方に目をやると、父はニヤリと笑い「父さんの職業はゲーム実況者、ぺいんとなんだ」、そう言った。

「えー!!　ぺいんと!?」

「お前の父さん、ぺいんとなの!?」

クラスメイト達からの質問攻めに合う。いや、僕も今知ったんだって。

「みんな静かに～！　そろそろ1試合目始めるぞ～！　ぺいんとさん、ちなみにサインとか後でもらえたりしますか？」

先生も知ってるのかよ。父さんがゲーム実況者？　ぺいんと？　動画は見たことないが名前は聞いたことあるし、相当有名なゲーム実況者なんだろう。てか、なんで今まで黙ってた!?　父には聞きたいことが山ほどある……が、今は大会が優先だ。

もしかすると優勝を狙えるかもしれない……！

気持ちを切り替えて僕はこう言った。

「父さん、やるからには優勝だからね！」

「あぁ、もちろんそのつもりでここに来た！」

何やら、父さんもすごいやる気のようだった。まるでこの瞬間を何年も待っていたかのように。

「それでは、ゲームスタート！」

開始の合図が鳴る。


……そして僕たちは気持ち良いほどに負けた。重い空気の中とぼとぼと2人で帰り道を歩いていると父さんが申し訳なさそうに口を開いてこう言った。

「父さん、結構有名なゲーム実況者なんだけど……実はゲームはまったくうまくないんだよね」

……はぁ、やっぱり僕の父さんはナゾだ。

見えない赤い糸

「見～つけた！」

「グスッ……見つかっちゃったぁ……」

最近、よく昔遊んでいた時の夢を見る。夢の中の僕は小学生で、近くの裏山で幼馴染のユイとかくれんぼをしている。勝率はユイが圧倒的でどこに隠れても見つかってしまう。

今度こそ見つからないぞ！と山の奥に入り込む。気がつくと、潜り過ぎて自分でも帰り道が分からなくなっていた。日も暮れていき、もう誰にも見つけてもらえないんじゃないかという不安に襲われる。一人でシクシク泣いていると、嬉しそうな声が僕の近くで聞こえた。

声の方を見ると、僕を指さす彼女がそこにいた。月明かりに照らされた彼女の笑顔を見るとどこか暖かい気持ちに包まれた。すっかり安心した僕は涙を拭って彼女の手を取った。

目が覚めると、そこは見慣れた天井。はっと急いで時計に目をやると、いつもの起床時間をとうに過ぎていた。制服に着替えて階段をドタドタと降りる。リビングにはテレビを見てくつろぐ母といつものように新聞を読む父がいた。

「なんで起こしてくれなかったんだよ」と僕が言うと、「ちゃんと起こしたわよ、夜更かしは程々にしなさいよ」と母が答えた。

用意された朝食を急いでかきこみながら、流れているテレビへと目を向けた。

『あの有名YouTuberと人気アイドルのミナコさんが赤糸婚！　いや～めでたいですね～！』

(……またこの話題だ)

今朝は昨晩婚約を発表した2人の話題でもちきりだ。

「お前にもそろそろ赤い糸が見えたらな……いい加減、安心させてくれ」

父は少し呆れた表情で僕にそう言った。

〝赤い糸〟

2人の男女を結ぶ運命の糸。古よりその糸は存在し、数々の人間たちを結びつけてきた。出現率は全人口の約0・01％。本人しか見えないうえに、たとえ糸の先にたどり着いたとしても肝心な相手には見えていないこともあるらしく、少し曖昧な部分もある。

必ずしも2人が結ばれるとは限らない。それでも、赤い糸は出現すると町が総出で祝うくらい縁起の良い物だ。なんといっても、赤い糸で結ばれ結婚した夫婦の幸福度は通常の夫婦の5倍にもなるという研究結果があるのだ。赤い糸で結ばれ結婚することを通称〝赤糸婚〟と呼ぶ。

そして僕の家系は代々赤い糸で結ばれている。長男である僕は縁結びの神社の神主を務めることになっている。両親が言うには、代々赤い糸で紡がれてきた子孫たちは赤い糸に恵まれる可能性が高いとかなんとか……。両親も小学生の頃にはお互い赤い糸で結ばれていたそうだ。「お前も赤い糸を早く見つけるんだぞ」と言われ続け、名前も良い縁に結ばれますようにと「一縁（イヨリ）」と名づけられた。僕は両親からの期待もあって、子どもの頃から毎日縁結びの神様へのお祈りを欠かさず誰よりも赤い糸を待ち望んでいた。しかし、高校2年生になった今でも、僕には赤い糸は見えないままだ。少し重い空気の中、支度を終えた僕は縁結びの神様にいつものお祈りをする。

「いってきます」

玄関を出ると、幼馴染のユイが少し焦り顔で待っていた。

「ねえ！　もうちょっと余裕持って行動できないの⁉」

「朝からうるさいな〜だったら先に行けばいいじゃんかよ」

「私がこうして一緒に登校してあげなかったら、あんた遅刻で出席日数足りなくなっちゃうでしょ！　感謝しなさいよ！」

ユイとは幼い頃からの腐れ縁だ。昔僕が泣き虫で臆病だったこともあり、いつも彼女の後ろにくっついていた。そのせいか今、僕にお節介をやきたがる。

「ねえ、朝のテレビ見た？　あのYouTuber〝赤糸婚〟したんだってね。ショック〜」

案の定、赤い糸の話題だ。僕が赤い糸で悩んでいることは、ユイだってよく知っている。もううんざりだと、僕は少し機嫌の悪い顔をしながら歩を進める。

「ねえ、露骨に嫌な顔しないの！　すぐ思ってることが顔に出るんだから！」

それが分かってるならこの話題を出すなと言いたい。

「私も赤い糸で結ばれないかな〜……」

うっとり顔のユイを横目に、僕は歩く速度を上げた。

（いつになったら赤い糸が見えるんだろう）

焦りがつのるばかりだ。学校に着いて自分の教室前まで来ると、なんだか隣のクラスが少しざわついている。すると、仲の良いクラスメイトが駆け寄ってきた。

「ねえ、知ってる？　赤い糸が……」

またこの話題かと僕は呆れながら「あぁ、知ってる。あのYouTuberの話でしょ？」と会話を遮るように言った。

「違うって！」

どうやら他にすごい事があったようだ。

「この町で10年ぶりに赤い糸で結ばれた赤糸カップルが誕生したんだってさ！」

「……え？」

「しかも校内！　隣のクラスらしい！」

急いで隣のクラスに向かうと、人だかりの中心にはお互いに見つめ合い顔を赤くした男女がそこにいた。

『古より赤い糸には赤い糸を引き寄せる力があるとされている』

その力にあやかろうと、他クラス、他学年、そして先生までもがそのカップルのいるクラスで人だかりになっていた。チャイムが鳴って授業が始まっても、興奮冷めやらぬ状態。そんな中僕はひとり、今まで感じたことのない黒い感情に苛まれていた。

(両親がこの事を知ったら、どう思うだろう?)

僕の頭はそんな心配ごとでいっぱいだった。先祖代々赤い糸と縁の深い我が家を差し置いて、この町で10年ぶりに赤い糸が現れたのだ。僕のプライドはもう修復できないほどズタボロになっていた。

下校途中、ユイが重い空気に耐え切れずこう言った。

「まっさかウチの学校で赤糸カップルが生まれるなんてね〜!」

「……」

「……ねえ、そんな落ち込む必要ないって」

ユイは心配そうに僕に声をかける。

「……」

僕はふてくされたように下を向いた。

「大丈夫！　いつかイヨリにも絶対赤い糸が見えるって……もし、見つからなかったとしてもさ……ほら！　私がもらってあげなくもないからさ！」

子どもの頃から何も変わってない。いつもユイに慰められてばかりの自分が情けなくなる。

「もう……やめてくれ……。いつかって、いつだよ？　なぁ、教えてくれよ！」

思わず僕は怒鳴ってしまった……いつもこうだ。

「……ごめん」

涙ぐむユイを見て、いたたまれなくなった僕はその場から逃げ出した。

家の前まで来たはいいが、僕は玄関の扉を開けられずにいた。赤い糸の話題はもう町中に広まっているだろうし、神主の父ならその話は当然耳に入っているだろう。思い切って扉を開けると、重苦しい空気が僕を包み込む。足音を立てないようにゆっくりと階段をのぼり、自分の部屋へと向かう。

「こっちに来なさい」とリビングから父の声が聞こえた。

恐る恐る従うと、深刻な表情をした両親と目が合った。

「赤い糸の話、最初聞いた時はてっきりお前の事だと思ったよ」と父が言った。

「……ごめんなさい」

僕は涙ぐみながらそう言った。黙り込んで下を向く母。気まずい沈黙がリビングに流れる。

「縁結び様もいつまで経ってもぐずぐずしてる、お前を見限ったのかもしれんな……残念だがお前にこの神社を継ぐ資格はないのかもしれない」

父は呆れた顔で言った。代々この神社は長男が継ぐことになっているが、赤い糸が見えなければ話は別だ。縁結びで有名な神社の神主が赤い糸で結ばれていなければ信用はガタ落ちだからだ。そして父は続けざまに「養子でも入れるしかないのか……」と言った。

この家にはもう僕の居場所はない。そんな気がした。そう思った瞬間、僕は家を飛び出していた。

素足のままただただ走る。すると向こう側からユイがとぼとぼと歩いてくるのが見えた。僕の様子を見て家で何かあったと悟ったようだ。僕を呼び止めると、何か決心したかのような表情でこう言った。

「さっき言ったこと、嘘とか冗談じゃないよ。私、子どもの頃からイヨリの事が大好きだよ」

突然の告白に動揺した。しかし、どこか救われた気がした。刹那、子どもの頃から後ろにくっついてばかりだった自分の姿が浮かぶ。でも、このままいつものようにユイに甘えてたら、いつまでも子どものままだ。

「それに本当は……」

僕はユイの会話を遮る。

「本当にいつもありがとう。ユイのおかげで救われた気がするよ。それでも僕はあの家の長男だし、最後まであきらめず赤い糸を探すことにするよ」

(もう一度神様に本気でお願いしてみよう……)

「……うん、分かった」

どこか納得したような表情のユイと別れて家に引き返した。僕は赤い糸を探すことをあきらめないと両親に伝え、眠りについた……。

翌日……。

今朝はユイが家の前にいない。いつものように縁結び様にお祈りをして、一人で学校に向かった。教室に入ろうとすると、隣のクラスがどうも騒がしい。一瞬デジャブを感じた。なんだろう……と覗いてみると、ユイのまわりに人だかりができていた。

「え～まだ糸辿ったりとかしてないの～？」

「うん、近いうちに会いにいってみようと思うの」

そんなユイとクラスメイトのやりとりが聞こえた。

（まさか……赤い糸が……？）

すると僕に気づいたユイがこっちに近づいてきて、耳打ちしてきた。

「今日放課後、話したいことがあるの。神社の裏山で待ってる」

縁結び様はなぜかユイを選んだのだ。失恋に似た感情と同時にたちこめる、なぜユイなんだという嫉妬で、僕の頭はいっぱいになった。

放課後、重い足取りで神社の裏山に向かった。裏山で僕を待つユイの姿が子どもの頃と重なった。

「話ってなに……?」

恐る恐る話しかける。

「昔ここでよくかくれんぼしたよね、イヨリめっちゃ山の奥深くまでいっちゃってさ。探すの大変だったんだよ」

「……うん、よく覚えてるよ。不安で不安でもう誰にも見つけてもらえないかと思った」

楽しかった子どもの頃を思い出す。

「そういえば、学校で知ったと思うけど……私、赤い糸が見えたんだ」

懐かしい気持ちが途端にどす黒い感情で埋め尽くされる。

「それでね……相手なんだけど……」

「……もういい!!!」

思わず出た大きな声でユイがびくりとした。

「どうして、お前なんだよ……!!! どうして僕じゃないんだ!!!」

今まで溜まっていた黒い感情が爆発した。

「うるさい！！！」

「ねえ、ちゃんと話を聞いて……」

気づくと僕はユイを両手で突き飛ばしていた。鈍い音がした。正気に戻ると、岩に頭を打ちつけ、動かない彼女の姿があった。

「ユイ⁉　ユイ⁉」

身体を揺らすが反応がない。気が動転して思わず吐いてしまった。しばらくうめき声をあげうずくまる。

「隠さ……ないと……」

僕はよろめきながら立ち上がる。

「ごめん……ごめん……ごめん……」

ブツブツと呟きながら神社の倉庫にあったスコップを片手に動かなくなった彼女を引きずって裏山の奥深くに進んでいく。日が落ちて、真っ暗な森の中。木の間から差し込む月明かりに照らされた彼女。幼い頃、暖かい気持ちに包み込んでくれたあの笑顔はもうない。僕はスコップで穴を掘り、彼女を埋めた。

ユイを埋めた翌日、彼女の母親が行方を尋ねにやってきた。僕は学校が終わってから会ってないと、しらを切ったが怪しまれていないだろうか。さらに数日後、警察の捜索が始まったらしいが未だ手がかりは見つかってないらしい。失踪直前、ユイに赤い糸が見えたという話で持ち切りだったので、赤い糸の相手と駆け落ちしたのではないかと校内ではもっぱらの噂だ。裏山の奥深くに埋めたが警察の目を欺けるとは到底思えない。いつ家に警察が来てもおかしくはない。僕はまたうずくまって自首をしようか自分の部屋で考えていた。すると、左手の小指に見慣れない糸が巻き付いているのに気がつく。それは紛れもなく、赤い糸だった。

「……もう遅いよ」

同時に、親孝行ができることに安堵する自分がいた。リビングへ降り、報告へ向かう。

「父さん、母さん。僕……赤い糸……見える……見えるよ」

そう伝えると、よっぽど嬉しかったのか、生まれて初めて父に抱きしめられた。僕はその時、やっと2人と家族になれた気がした。

まだやらないといけないことがある。この赤い糸の先で待つ人にも謝らないといけない。人の幸せを奪った僕が幸せになんかなっちゃいけない……。身支度を終え、自首する前に赤い糸を辿っていくことにした。小指に結ばれた赤い糸を、頭上に掲げる。その時、僕はあまりに残酷な事実に気づかされる。まさかと思った。糸はどんどん山の奥深くに続いている。自然と駆け出していた。自分の考えが間違いであることを確かめたかった。次第に、赤い糸が地面に近づいてゆく。そして僕は目の当たりにしてしまう。赤い糸は、ユイを埋めた場所につながっていた。

『見つけた！』

子どもの頃にかくれんぼをしていたあの時の記憶がよみがえる。

「見つけた……」

僕はその場に崩れ落ちた。

僕だけが知っている。この世界は現在進行形で侵略されているのだ。でも、それを簡単に言いふらしたりしてはいけない。ヤツらに絶対に気づかれてはいけないのだ……。

僕の名前は真海（シンカイ）。とある高校の進学クラスの1年生だ。兄弟はいない、ごく一般の家庭で大切に育てられた。趣味は映画鑑賞。彼女いない歴=年齢。友だちはまだ……いない。高校を選んだ理由は家から一番近いから。ちなみに部活には所属していない。そこら辺にいるような普通の男子高校生だ。そう……そういう事になっている……。

今朝も僕は自転車に乗りいつもの通学路を進んで学校へ向かった。教室の前に差し掛かると嫌な予感がした。

（はぁ……今日もか……）

教室に入ると、僕の机に腰かけてこちらに手を振ってくる男子生徒がいた。容疑者第1号、綱平（ツナヒラ）だ。

「真海、おーはよっ！」

入学当初から何やら僕に突っかかってくる。目立たないように行動していたつもりが僕の何かが綱平の興味を引いてしまったようだ。

「お前……毎朝毎朝懲りないな」

「ん？　何が～？」

相当鈍感なのか僕が避けているのにも気づかないらしい。

「そういや今朝のテレビ見た？　アイドルのミナコちゃん、婚約したらしいぜ～ショォーック!!」

いつものように一方的に話し始めた。毎日毎日この調子だ。そしてこの後の展開も読めている。ほら、彼女が近づいてきた。

「今日はなんの話してるの？」

容疑者第2号、海老名（エビナ）さんだ。

「海老名ちゃ～ん、慰めてくれよ～」
「あ！　そういや綱平くん、ミナコちゃんの大ファンだったね。どんまい！」
「ゴホン……あの僕読書したいから、話したいなら別の場所でやってくれる？」
「そんな冷たいこと言わないでよ真海くん！　クラスメイトでしょ？」

ニコッと笑う海老名さん。彼女はこの高校で一、二を争う美人であり、数々の男子生徒達が彼女を狙っている。毎日こうして僕に話しかけてくるせいで、なぜか海老名さんと恋仲にあるとかなんとか変な噂が流れてしまい、そいつらに目をつけられてしまっているのだ。はぁ……僕は目立たずに過ごさなければいけないのに……。そうだ、いったいどういう事なのか説明してなかったね。僕が小学生だった頃まで時を遡ろう。

小学6年生の誕生日、僕は家族に連れられ回転寿司「ラッパ寿司」に行った。

実の所僕は海鮮アレルギー持ちで今まで海鮮を食べる事を避けていた。しかしながら医者によると食べる容量を守れば海鮮も楽しめるという事で、初めて寿司屋に来たのだ。父がおすすめのネタをいくつか選んでくれて注文の品を待っている間、流れる寿司を僕は見ていた。

すると……「スツスツ……マグロ一等兵！　ラッパ寿司ニ潜入完了……！」

目の前を流れたマグロから確かに声が聞こえたのだ。

「父さん、今の寿司……見た？」

「ん？　ただのマグロだったと思うけど……なんだ？　食いたいのか？」

どうやら父と母には聞こえてないらしい。するとそのマグロは後ろの席に座っている男性が取った。

「スーツスツスツ！」

マグロはどうやら笑っているようだった。男性が醤油をつけて口に運ぶと一瞬電撃が走ったように身体をビクリとさせた。

「スツスツ……」

先ほどマグロが喋っていたように、男性がスツスツと呟き始めたのだ。僕は今まで回転寿司に来たことはないがこれが異常だということは理解できた。

「ピロン！　ピロン！」

ちょうどいいタイミングで注文した寿司達が流れてきた。海老に甘海老、それにウニもある。

「うまいぞ～？　特に甘海老がおすすめだ！」

父は大の海老好きだ。まず僕が手に取ったのは甘海老。よく観察してみると先ほどのように喋っている様子はないようだ……。恐る恐る、醤油をつけて口に運ぶ……身体に衝撃が走る。う……うまい！！！　なんだこの食べ物は！！！　僕は一瞬で甘海老の虜になった。次にウニ、これも食べる前に少し観察してみる。すると「スッ……スッ……」とウニから声が聞こえてきた。気味が悪く、食べてはいけない気がした。

「父さん、ごめん……今日食欲がないみたい」

「お、そうか？　じゃあ俺が食べちゃうぞ？」

そう言ってウニを手に取る父。

「あ、なんかそのウニ普通じゃないみたいだから……新しいの頼んだ方がいいかも」

「お？　そうか？　じゃあ新しいの注文するか」

なんとか食べるのを避けられた。すると息を潜めていたそのウニが騒ぎ出した！

「キンキュウ！　キンキュウ！　異分子ヲハッケン！」

それに呼応するかのように一部の寿司達が「キンキュウ！　キンキュウ！」と騒ぎ出す。回転寿司屋にいた客たちの視線がなぜか僕に集まる。どこか不気味でここにいてはいけないような気がした。父と母に体調が悪いと嘘をついてすぐに会計を済ましてもらい、寿司屋を後にした……。

その後、あの寿司もどきの正体はいったいなんだったのか気になった僕は、ラッパ寿司や他の回転寿司店、スーパーで売っている寿司まで観察を続けた。口癖の〝スッ〟から僕はヤツらの事を〝スッ星人〟と名付けた。少数精鋭で数自体は少ない。一般的な寿司に紛れて人間の体内に潜入し乗っ取る。そしてなぜだか僕にだけヤツらの声が聞こえるんだ。これを僕は〝スッセンサー〟と呼ぶことにした。

ヤツらの手下は増えるばかりで、僕は一人でこの数年間戦い続けているのダ……。

これでいったいなぜ僕が息を潜めて生活しているのか分かっただろう？　変に目立てばスッ星人達に気づかれてしまう。なので今まで僕は常に壁を作って一人で過ごしていた……がこの2人は僕がどんなに突き放しても近づいてくるんだ。もしかしたらスッ星人の回し者かもしれない。だから容疑者として常にマークしている。

「あ、そういえば放課後皆で行きたい所があるんだよね～」

「お！　どこどこ？」

興味津々な綱平。

「ナ・イ・ショ！」とウィンクをする海老名さん。

「くぅ～！　楽しみにしてるぜ！　じゃあ放課後な～！」

あの、まだ行くとは言ってないのだが……。

放課後……結局流れで2人についていくことになってしまった。いったいどこに行くつもりだ？

「あ！　ココ！　ココ！」

「こ、ここは……」

「新開店した、パッパ寿司だよ～！　なんか学生割があるんだって！」

「ヒュ～！　ちょうど腹減ってたんだよな～！　食うぞ～！」

ま、まずい！　緊急事態だ！　まさか行きたい場所が回転寿司なんて……敵地に突っ込むのと同じだ……！　なんとかこの場を切り抜けないと！

「僕……お腹減ってないかも……」

「大丈夫！　いてくれるだけでいいから！　3人以上いないと割引効かないんだよね

～。ほら！　行こ！」

そう言って海老名さんは僕の手を引く。

『ピロピロピロ～ン。いらっしゃいませ～！　3名様ですね、こちらの席へどうぞ！』

入店してしまったら仕方がない、スッ星人に気づかれないようにできるだけ息を潜めてなんとか乗り切ろう。

「私はどれにしようかな……。うわ、この黄金イクラなんて美味しそう！」

「俺はマグロづくしで行くぜ～！」

ふと回転する寿司達に目をやる。

「スッスッ……」

……!?

なんだこの量。普段だったらスッ星人は多くても5皿ほどしかいないはず……。しかしながら今回並んでいる寿司のほとんどがスッ星人だ……。僕は震えながらあたたかい緑茶をすする。

「ピロン！　ピロン！」

アラートと共に綱平達が注文した寿司が流れてくる。

「スッスッ……スッスッ……」

2人の注文した寿司もスッ星人……絶対絶命とはこの事だ。この2人がスッ星人である確証はまだない……もしスッ星人でなかったとしたら新たなスッ星人が2人も生まれてしまうことになる。

「うんまそ～！　いただきまぁ～す！」

「いただきます！」

寿司を口に運ぶ2人。

「スッスッ……スッスッ……」

どうする……どうする……！

変人扱いされてもいい。もう、どうにでもなれ……！

「ス、ストップ！！！」

2人の手が止まる。

「ん？　真海、どした？」

「あ、真海くんも実はお腹すいてた？」

「違うんだ……と、とにかく今手に持ってるお寿司を食べるのはやめて……」

「なんでだよ？　俺腹ペコなの！」

綱平が止めていた手を口に運ぼうとする。

「スツ星人！！！」

「え？」

再び手を止める綱平。

「スツ星人って……なんだぁ？」

僕は2人にスツ星人、そして僕に備わったスツセンサー、すべての経緯を正直に話した。

「突拍子もない話だとは思うけど、すべて事実なんだ」

どこか落ち着いた表情の2人。

「ふ、やっぱり真海はこっち側の人間だったんだな。合格だ」

ん、どういうことだ？　こっち側の人間……？

「私たちも真海くんと同じ特殊能力を持った人間なのよ。ごめんね、少し試させてもらったわ」

「声が聞こえるのは僕だけじゃなかったのか……？」

「そう、真海。お前の言ってるこのスツ星人……本当の名前はスツラー星人。ヤツらは寿司に化けた宇宙人で地球を侵略しようとしてる」

「私たちは生まれつきこのスツラー星人の声が聞こえる特殊体質……真海くんのいうスツセンサーね。それを使って日々戦ってる〝スツレジスタンス〟なの」

「真海、お前も俺たちのスツレジスタンスに入って、スツラー星人からの侵略を阻止しないか？」

ゴクリ……思わず唾を飲み込む。戦っていたのは僕だけじゃなかったんだ……！

「うん、やるよ！　僕も参加させてくれ！」

僕は二つ返事で引き受けた。

「そう言ってくれると思ったよ真海。……ようこそ、スツレジスタンスへ」

「さぁ、さっそくだけど初仕事よ。このお店、どうやらスツラー星人の配下みたいね」

「はぁ～腹減った。さっさと片付けてハンバーガーでも食いに行こうぜ？」

「ミッション……開始よ！」

　帰り道……。

「いや～よく今まで一人で戦ってきたよな、真海……すげえよ、お前」

「初めての戦闘とは思えない動きだったわね、これからに期待してるわよ」

「……うん、任せてくれ」

「そんじゃ、また明日学校でな～！」

　僕たちは解散して帰路についた。いつもの帰り道……自転車を漕ぎながら僕は呟いた。

「スツラー星人……ではなイ。スツ星人ダ。しかしながラ、やはりマグロ一等兵レベルでは、寿司への擬態化に課題が残ル。こうもスツスツと呟かれてはヤツらに簡単に気づかれてしまうではないカ。こちら甘海老総帥、スツレジスタンスに無事潜入カンリョウ。センニュウカンリョウ。センニュウカンリョウ」

　これを読んでる君たちへ、最後まで読んでくれてありがとう。少し改変した部分もあったけど楽しんでもらえたかな？　もしかしたら僕の同胞たちが君の今日食べる晩御飯に紛れ込んでるかもしれない。

その時はどうぞ食べてやってください。味は保証しますよ。衝撃が走るほど、美味しいから……。

スマートホスト

「ドンペリ入りまーす！」

今日もこの街は眠らない。俺はこの街でナンバーワンホストのサトル、通称〝山神〟と呼ばれている。今宵も可愛い子猫ちゃんたちからの視線を釘付けにする。

「今日の売り上げ、半分以上はサトルさんですよ、やっぱすげえな～！」

コイツは俺の後輩シゲル。田舎から無一文でやってきて、このホストクラブで働き始めた。勉強熱心で可愛い後輩だ。

「将来は俺すらも超える気持ちでホストやっていけよ」

「俺……いつか先輩超えて、絶対この街で一番のホストになります！」

「おう、てっぺんで待ってるぜ？」

「はい！　今日もお疲れさまでした！」

後輩達に見送られ、自宅に徒歩で帰る。これは俺のいつものルーティーンだ。ホストクラブの騒がしさとは違った朝方の静けさが好きだ。だから、車は使わない。

暗い空に朝日が差し込み、夕方のような錯覚に陥りそうになる。

道路脇に寝転んでいる酔いつぶれたサラリーマンを尻目に家に向かう。歩を進めているとシゲルから連絡が来た。

『シゲル：サトルさん、傘忘れてますよ！』

そうだ、さっき雨降ってたな。

『サトル：また明日取りに行くわ >1<』

『シゲル：てかなんなんすかいつもやる、その顔文字！　キモいっすよ！』

『サトル：バーカ、No.1の俺に相応しい顔文字だろ？』

返事を書くのに夢中で、正面から物凄い速度で突っ込んで来る車に気づかなかった。

俺は見事に吹っ飛ばされ地面に身体が叩きつけられる。その事故の音で気づいたのか後輩のシゲルがクラブから飛び出して走ってくる。

「先輩！　大丈夫……す……！」

うまく聞き取れない、意識が朦朧とする……。

俺はここで死ぬのか？

「先……!!　せん……!!」

俺の身体を揺らしながら、泣きつくシゲル。

（馬鹿、ホストが泣くんじゃねえよ）

俺は最後の力を振り絞り口を動かす。

「絶対に……ナンバーワン……取れよ……」

視界がだんだん狭まっていく。泣きじゃくるシゲル。もう限界のようだ。そして俺のサトルとしての人生はそこで終わった。

目が覚めると、俺は知らない部屋にいた。身体が動かない。少しではなくまったく動けないのだ。辺りを見渡すととなりに冴えなそうな男が寝ていた。誰だ……？

『ピロロロン！　ピロロロン！』

突然俺の身体の内側からドデかいアラームが鳴り出した。

「んあ？」

冴えなそうな男が目を覚ました。丁度いい、いったいこれはどういう状況なのかコイツに聞いてみよう。

（……おい！　……ん？　喋れない。なんだこれ……！　てか俺……呼吸してなくね!?）

自分の身体が異常な事に気づき始めた。すると起きた男が俺に手を伸ばして、軽々と持ち上げ、顔に近づけた。

（うわぁ!?　コイツ……思ったよりでけぇ!!）

違う、コイツがでかいわけではない。俺が小さいのだ。そして恐ろしい事実に気づいてしまった。そう、俺はスマホに転生していたのだ。

（いったいどういうことだよ、なんでスマホなんだよ！　せめて生き物だろ！）

俺の身体……もとい、画面を覗き込む持ち主は残念そうに呟く。

「返事は……来てない……か……」

（なんだ？　何見てんだ？）

すると、画面の内容が頭に流れ込んでくる。

（ははぁ～ん、マッチングアプリか）

どうやら、いいねした相手から返事がなかったらしい。

「やべ、もうこんな時間だ！　授業に遅れる！」

俺を放り投げて、男は浴室に向かった。

（っおい！　あぶねえな！　壊れたらどうすんだ！）

　とりあえず状況を整理する。ナンバーワンホストだったこの俺サトルは事故にあってスマホに転生してしまった。自分がスマホになったと自己認識してから、スマホ内のアプリやブラウザを自由に扱えるようになっていたのでとりあえず今が何年何月何日なのか、この男はいったい何者なのか調べることにした。カレンダーアプリで今日の日付を確認する。

（2021年6月1日……俺が事故にあった日から3年後だ）

　次にマッチングアプリを開き自分の持ち主のプロフィールを覗く。

（名前は……新川《しんかわ》太郎《たろう》……19歳の大学2年生……趣味はゲームとアニメ鑑賞とアイドル。恋愛経験……なし。典型的なオタクって感じだな……てかなんで全部素直に書いちゃってんだよ。少しは盛れよ！）

　悪い奴ではなさそうだ。そういえば、ひとつ気になる事があった。ブラウザアプリを開いて俺が生前働いていたホストクラブの名前を検索する。

（……‼）

ホストクラブの公式ページにはでかでかとナンバーワンホスト〝シゲル〟の文字があった。

（ナンバーワンに……なったんだな……）

嬉しさのあまり涙が出そうになる……。まぁ、機械だから出ないんだけど。新川がシャワーから出てきた。

「あれ？　リモコン……リモコン……どこだ？」

服や教科書でごちゃごちゃになった部屋の中を探す。

（ちょっとは片付けろよ！）

「あった！」

新川がリモコンのスイッチを押す。

『昨夜結婚を発表した、アイドルのミナコさん！　今夜中に記者会見が行われるそうです！』

テレビ番組では昨晩婚約発表をしたアイドルの話でもちきりだった。

「はぁ、ミナコちゃん……」

部屋の壁には婚約したアイドルの写真がでかでかと貼ってある。

『続いては人気コーナー！　あの人気ナンバーワンホストが恋愛アドバイス⁉　〝シゲルーム！〟』

（おい、シゲル。お前こんな仕事もやってるのか）

「やべっ！　時間！」

自分が遅刻してるのを思い出したのか、俺を雑にポケットに突っ込んで家を飛び出した。

数日間過ごしてみて思った事がある。それは案外スマホ生活も悪くないということだ。新川の見てるアニメが意外と面白い。ゲームは『コメ娘』に今はハマってるみたいで、コシクロビカリというキャラクターがぶさいくだけどそこが気に入っている。すぐ充電が切れそうになるのがたまにキズだけど。部屋にいる間はずっとケーブルに繋がれているし問題ない。

そういえば新川は最近、バイト先で好きな女ができたらしいのだ。それからというもの俺を見る度にずっとその女とのトーク画面と睨めっこしている。

送信する内容を考えているのだろうか。ひとしきり悩んだ後、結局トーク画面を閉じて布団に潜り込んでいった。そのせいで、アニメの続きが中々見れない……。

（俺にも何かできないか……直接アドバイスはできないしな……あ！）

ふとシゲルの事を思い出した。

（アイツなら……）

新川が眠りについた後、俺はダメ元でシゲルのＩＤを検索してみた。

（確か、shigeru0132_no1だったよな……）

検索するとシゲルのアイコンが出てくる。友だち追加のボタンを押してトーク画面を開く。

『タロウ：こんにちは！　タロウです！』

『シゲル：……は？　お前誰？』

『タロウ：サトルさんの知り合いです！　実は折り入ってお願いがあって……』

『シゲル：……サトルさんの？』

『タロウ：はい！　……実は俺好きな人がいて、でも俺こういうの初めてで……どうしたらいいのか分からなくて……その時、サトルさんが生前に恋愛で悩んでることがあったら、シゲルさんに聞いてみろって言っていたのを思い出して……』

『シゲル：サトルさんが……』

『タロウ：相談……乗ってもらってもいいですか？』

『シゲル：サトルさんが言ったなら、会って話は聞くけど。アドバイスとかそこまでお前にする義理ないから』

（なんだコイツ、俺以外だとこんな偉そうなのか）

『タロウ：話を聞いてもらえるだけでもありがたいです』

『シゲル：じゃあ明日の夜俺のクラブに来い』

（この機会を生かすかどうかはお前次第だ、新川）


翌日……。

『ピロロロン！　ピロロロン！』

俺の身体からアラームが鳴る。

「んあ!?　あれ……今日講義なかったよな……」

急いでアラームを止めようと新川は俺を手に取る。

「ん……？　シゲル……？　誰だ？　え？　恋愛相談？　何それどういうこと!?」

見知らぬトーク画面を見つめる新川。

「このアイコンの顔、どこかで見たことある……名前も……」

いつかやっていたテレビ番組を思い出す。

「あ、あの人気ナンバーワンホスト!?　え？　どういうこと？」

急いでトーク履歴を遡る新川。

「恋愛相談!?」

（ククク、驚いてる驚いてる……）

「え、今日の夜に？　ホストとかこえぇ……ドタキャンしたら違約金とか発生しちゃうかな…？」

（よ〜く考えてみろ、お前は恋愛経験なし、相談のできる友達もなし。このままじゃ一向に進展しないままこのチャンスを逃して、他の男に取られちまうぞ？）

画面を見つめるタロウに念を送っているとそれが届いたのか、タロウは家を出る支度を始めた。

「他に手はないよな……ダメで元々……行ってみる……か？」

俺の名前はシゲル。一応この街でナンバーワンのホストだ。尊敬する伝説のホスト

〝山神〟サトルさんが事故で亡くなって3年……。俺はサトルさんの最後の言葉を胸に死に物狂いで働いた。そして今年とうとうこのクラブでナンバーワンの座に辿り着いたのだ。着いたはず……なんだ。

『俺……いつか先輩超えて、絶対この街で一番のホストになります！』

『おう、てっぺんで待ってるぜ？』

3年前……まだ俺が駆け出しだった頃の会話が蘇る。

「…………あんたがいなかったら、てっぺん……とれねえじゃねえかよ……」

日が昇り始め、暗い空に日が差し込む。夕方に似た朝空をぼーっと眺めていると知らない名前からトークが飛んでくる。

「タロウ……？　誰だ？」

……結局来てしまった。連絡した記憶のない〝シゲル〟という名の男。的確な恋愛アドバイスをするとテレビでも話題になっているナンバーワンホスト。女性の扱いに長けているのは確かだ。何かいいアドバイスをしてくれるかもしれない。

「ゴクリ……」

唾を飲み込み、恐る恐るクラブに入店する。

「いらっしゃいませ～！！！」

派手な髪型のホストが声をかけてくる。

「ん？　面接受けにきた人……？」

「あの……えっと……シゲルさん……」

緊張のあまりしどろもどろになる。怪しい……と派手な髪型のホストが顔を近づけてくる……。

「俺の客だ」

高めなのにどこか落ち着く声……そこにはナンバーワンホストのシゲルがいた。

「少し、席外すぞ」

そう言ったシゲルはタロウの服を引っ張り、半ば無理やり楽屋に連れて行く。席に座るとしばらく無言が続く……じーっとタロウの事を観察するように眺めた後シゲルが口を開いた。

「お前……本当にサトルさんの知り合いなのか……？」

「えっと……あの実は俺連絡した覚えがなくて……サトルさんって人も知らなくて

た人なんです！！！」

「お願いです！！！　他に頼れる知り合いもいなくて……初めて付き合いたいと思っ

「はぁ？　なんで知らないヤツの恋愛相談乗らなきゃなんねーの？」

「あ、あの……恋愛相談……乗ってくれないでしょうか！！！」

イライラするシゲル。

「何言ってんの？　仕事したいからさっさと帰ってくれる？」

「こんな時間に設定した覚えないのに……」

「はぁ……なんだ。誰かの嫌がらせか？　しょーもねーな、お前もう帰っていいよ」

そうだよな……と席を立ち上がり、しょんぼりしながら楽屋を立ち去ろうとした瞬間。『ピロロロン！　ピロロロン！』、タロウのスマホのアラームが鳴った。

ごまかしても仕方がないのですべて事実を話した。

「すいません……本当に俺……何も知らなくて……」

部の人間しか知らないんだよ」

「はぁ？　お前……何言ってんの？　このIDは俺のプライベートIDなの、ごく一

……」

シゲルはイラつきながら、数年前の事を思い出した。

『お願いします!!　俺サトルさんみたいにここのナンバーワンになりたいんです!!』

『やる気だけじゃ、ここでナンバーワンにはなれねえよ。これからは俺の傍で何がナンバーワンたるかを学べ』

必死に頼み込むタロウの姿が、田舎から一文無しでこのクラブに駆け込んだ過去の自分と重なった。

「……仕方ねえな。俺が相談に乗るからには絶対その女、モノにしろよ？」

「……ハイッ！」

それから半年後……。

（いや〜本当大変だったけどまさかこの女『コメ娘』やってたとは意外だ）

そこには女性とデート中の新川の姿があった。シゲルの協力もあり、努力の結果好きな女と結ばれたのだ。すると、俺の身体からトーク通知の音がする。

『シゲル：どうよ、付き合い始めてからの初デート。うまくいってるか？』

俺を手に取りトークを開くと新川は嬉しそうに返事を入力する。

『タロウ：めちゃくちゃうまくいってます。これも全部シゲルさんのおかげです。ありがとうございます！！！』

『シゲル：いや、お前が本当に頑張ったからだよ。今度その子連れて、ウチに遊びに来いよな！』

半年前、恋愛の右も左も分からない陰気な男が嘘だったような幸せいっぱいの新川を見て俺も嬉しくなる。

（シゲル……本当にありがとう……。助けを求められると放っておけない性格は俺譲りだな！）

「ねぇ！　次あのジェットコースター乗ろ！」

「あ、うん！」

急いで俺をポケットにしまうタロウ。

（仕方ねえな、俺が返しといてやるか）

『タロウ：はい！　でも、ドンペリはさすがに入れられないですよ>1<』

『シゲル：アンタ……まさかな……なんでもない。待ってるからな～！』

これでやっと、安心してアニメの続きが見れるな。

海の隣人

『錨《いかり》をあげろー！！！』

『船長、今日はなんだか良い風が吹いてますぜェ！』

『あぁ、何か面白いモノを運んで来てくれそうだ』

毎週土曜の昼間に放送している洋画シリーズ。今週は海賊がテーマの映画らしい。

『船長、仲間が海軍に捕まっちまったらしい』

『なに？　絶対に見捨てねぇ……助けに行くぞ！』と声を上げる船長。

「仲間か……いいなあ」

僕には苦手なことがある。それは〝人とのコミュニケーション〟だ。どれくらい苦手なのかというとコンビニ店員と袋や箸が必要かどうかのやり取りで、いるかいらないと言えばいいだけなのに緊張して何も喋れなくなってしまうほどだ。しかし、昔からそうだったわけではない。中学校に入学したての頃、自己紹介で皆の印象に残ろうと得意の歌を披露したことがある。大成功したかと思って周りを見渡すと、教室の空気は南極かというくらいキンキンに冷え込んでいた。変人というレッテルを貼られ、いじめの対象になり、クラスメイトからは避けられる存在になった。それから人とのコミュニケーションを避けるようになり、とうとう僕は話しかけられると緊張して固まるようになってしまったのだ。

「ジャーーーーーン!!!」

映画を観ながら頭を抱えていると、映画の音声を掻き消すほどの爆音が隣の部屋から突如流れ出す。

「……またか」

ついこの間、隣に誰かが引っ越してきたようだが、騒音がとてもひどい。毎日、昼夜問わずギターの音が聞こえてくる。

「もう! 我慢の限界だ‼」

テレビの電源を切り、怒りのままに隣の部屋のドア前まで行く。今日こそ、注意しようとインターホンを押す。

「ピンポーン！」

チャイムの音が響いた後、ギターの演奏がピタッと止まる。

（あ、押しちゃった。めちゃくちゃ怖い人だったらどうしよう）

急に、不安に襲われる。ガチャッとドアノブが回った瞬間、僕はその場から逃げ出してしまった。結局、ギターの演奏が止むまでしばらく公園で時間を潰すことにした。

トボトボと歩いて近くの公園に向かう。この公園には大きな湖があり、有名なデートスポットにもなっている。ボートの貸し出しもしていて、今日も何組かのカップルがボートに乗っているようだ。

離れたベンチに座って楽しそうにボートを漕ぐカップルをただボーッと眺める。

「……僕はなんて情けないヤツなんだ」

さっきの行動を振り返り、自分の不甲斐なさに落ち込む。気晴らしにボートにでも乗ろうと貸出場に向かった。

「1時間500円だよ」

ボートの貸出場で、受付のおばさんが笑顔で僕に声をかける。僕は目を合わせないような顔をそらしながら、黙って500円を差し出した。少し不機嫌そうな顔になるおばさん。ごめんなさいと心で謝り、ボートを借りた。湖を漕ぎ進み、中心まで辿り着くと、ボートに横になって空を眺める。こうしている間だけは現実から解放された気がする。現実の世界は僕にとってひどく生きづらい。まるで海の中にいるような、常に海中を泳いでいる気分だ。

……ん？　海中のたとえ話をしたからなのか、足には水の感触があった。変だな……と思って起き上がるとボートの底から水があふれ出していた。急いでオールを漕ぐが水は容赦なくボートに侵入してくる。

「水が……誰か！　助けて!!」

少し先のカップルに大声で声をかけるがまったく気づいてもらえない。ボートが完全に沈む。

『錨をあげろー！！！』

なぜか昼間に見た海賊映画のセリフを思い出す。そして僕は深い湖の底に沈んでいった……。

目が覚めると無精ひげを生やした汚いおっさんの顔が目の前にあった。びっくりして身体をこわばらせる。おっさんはニッと笑い汚い歯を見せた後、「船長！　こいつ目ェ覚ましましたぜ！」とでっかい声で誰かを呼ぶ。

（船長……？）

辺りを見渡すとここは船のようだった。しかもボロ……かなり古い。船には強面の男たちが何人かいて興味津々にこちらをじろじろ見ている。

「よう、小僧」

声をかけて来たのはでかい帽子をかぶった眼帯の男だった。

「こんな海のど真ん中で何してやがった？　海水浴なわけないよな？」

どうやら溺れている所を引き上げてくれたらしい。まるでさっき観た海賊映画みたいな状況に困惑していると帽子の男はニヤッと笑ってこう言った。

「おい、口を海のどこかに落としちまったみたいだぞ？」

「船長ォ、言われた通りこの小僧は海から引き上げたし、出航しましょうや！」

「そうだな、おい野郎ども！　錨をあげろ！」

アイアイサー！と乗組員たちが一斉に動き出す。

（海……？）

　まさかと思いながら立ち上がって船の外を見てみると、そこには一面に水平線が広がっていた。……開いた口が塞がらない。これは夢に違いないと、その場に座り込んで丸くなっていると、ひげのおっさんがバケツに入った海水を勢いよくぶっかけてきた。

「目ェ……覚めたか？」

　ニカッと笑うひげのおっさん、ワハハと強面の男たちが濡れた僕を見て笑う。

（なんだこの人たち……まるでさっき観た映画の海賊みたいだ……）

　そして、ふと上に目を向けるとそこには黒いドクロの旗がなびいていた。

「ようこそ、トゥルーオーシャン号へ！」

　帽子の男がニヤリと笑う。


　あれから数時間が経ったが、僕はまだ海賊船の上にいた。湖で溺れたはずが海にいて、船に引き上げられたと思ったら、その船は海賊船だった。この時点で信じられない話なのだが、どうやら時代も現代とずいぶん違っているようだ……。水に濡れて壊れてしまったスマホを強面の乗組員たちに見せても何なのか分からない様子だったし。
僕の服装を見て最初は貴族か何かと勘違いされた。

（タイム……スリップ……？）

理解できない状況に脳みそがショート。放心状態になってぼーっと海を眺めていると帽子の男がブラシをこちら側に投げてきたので、反射的にキャッチした。

「それで床を磨きな。働かねぇヤツはこの船に乗る資格はねぇ。どんな境遇でこの海を漂ってたかは知らねぇが、この船にいるならルールにしたがってもらうぞ」

なんで僕がそんなことしないといけないんだと内心思った。

「おい、小僧！　オメェさっき船長に助けてもらった恩を忘れちまったわけじゃねェよな？　それとも、サメのエサになりてぇのか？」

先ほどのふざけた顔とは打って変わって、真剣な表情で言うひげのおっさん。とりあえず生き延びなければ、本当にサメのエサにされかねない。僕は慣れない手つきで海賊船の床をブラシで磨き始めた。

日が暮れる頃に船はとある島に到着した。ひげのおっさんによると、この島の名前は〝オトナリ島〟、この海賊たちが拠点にしてる場所らしい。上陸すると乗組員たちに半ば無理やり連れられ酒場に入った。中では陽気な演奏が流れていた。その音楽隊に混ざって帽子の男もウクレレのようなものを弾いている。それに合わせて海賊たちが踊る。あまりにも楽しそうに踊るもんだから、一瞬自分が大変な状況に置かれていることを忘れるところだった。

「聞いたか？　噂によると海軍のヤツら、いよいよ動き出すらしいぞ」

「そろそろ、海賊稼業もおしまいか……」

酒場の隅でコソコソ会話をする2人の声が耳に入る。

(海軍とかいるんだ……警察みたいなものなのかな？　もしかしたらこの状況から助け出してくれるかもしれない)

真剣な顔でこれからどうするか考えていると例のひげのおっさんが話しかけてくる。

「どうした小僧。そんなくれぇ顔してよ！　俺様が相談に乗ってやろうかァ？」

相当酒に酔っているのか自分で身体を支えられず、僕の身体に寄りかかりニカッと笑うひげのおっさん。緊張してまた何も話せない。

「お前本当に喋れないのか？　舌でも切っちまったのか？」

「喋れ……ます……」

なんとか口を開く。

「ワーッハハハハ！　やっと喋ったと思ったら、そんな女々しい声してやがったのか！」

（なんだこのおっさん、ムカつく～）

「そんな辛気臭い顔すんな！　一杯、どうだ？」

そういって酒瓶を手渡すおっさん。イラついてたのもあって乱暴に酒瓶を受け取ったあとイッキに飲み干す。

「意外といけるクチじゃねェか！」

ぐあんと視界が歪む、実は僕はお酒が弱い。

「おい？　大丈夫かァ？」

千鳥足になってふらつく。

「も……」

「も？」

「もっと、酒をもってこぉぉぉい！」

……そして気づくと海賊たちと一緒に踊ってる僕がいた。酒の勢いを借りてひげのおっさんや他の乗組員に自分が人とのコミュニケーションが苦手なことやそのきっかけについて話した。現代の話なので半分くらいしか伝わってない様子だったが彼らは最後まで聞いてくれた。「歌ってどんな歌なんだよ?」とひげのおっさんが目をキラキラさせながら聞いてくる。

「え……アイドルのミナコちゃんの歌」

「あいどる……みなこ……ちょっと歌ってみてくれよ!」

周りの乗組員たちも歌えと急かしてくる。酒に酔って、上機嫌だったので少し歌ってみた。

「……………」

静まりかえる酒場。やってしまった、あの時の記憶がフラッシュバックする。

「お前……歌うめえんだな!」

ひげのおっさんからの予想外の言葉だった。他の乗組員たちもすげえええ! と興奮気味だ。

「お前をいじめてたヤツら、才能が羨ましかったんじゃねェのか?」

受け入れてもらえた嬉しさからなのか、涙が出る。

「おいおいおい、そんな嬉しかったのか？」

「ぐずっ……はい……」

「さぁ、もっと新しい曲を教えてくれ！　おーい！　酒持ってこい！」

それからは僕の好きな曲を教えて皆で大合唱。忘れられない夜になった。

酒場を出て浜辺の前に座り一人で夜風に当たって酔いを覚ましていると、さっき僕が歌っていた歌を口ずさみながら、両手に酒瓶を持った帽子の男が酒場からやってきた。

「よう、小僧」

そう言いながら僕の隣に座り、酒の入った瓶を手渡してきた。帽子の男はニヤッと笑って酒を飲み干す。

「お前さん、これからどうするつもりだ？　話を聞いたところ故郷は遥か遠くにあるんだろう？」

「……分からないです」

そういってしばらく黙っていると帽子の男が話を切り出す。

「もしよかったら、ウチの乗組員にならないか？　アイツらもどうやらお前さんを気に入ってるみたいだ。歌もうまいしな」

「……え？」

お酒も抜けて冷静になってきたのか漠然とした不安が僕を襲ってきた。

「話は酒場で聞いた。俺たちのことを信用できないのも分かる。色々辛い経験をしてきたみたいだしな。でもな、俺たちはそんなゴミたちとは違う。一度仲間になったら俺たちは裏切らないし、嘲笑ったりなんかしない」

まさかの提案だった。何のプランも持ち合わせていない僕にとっては救いの手だ。しかし海賊になれば命の危険だってある。

「ただこれだけは覚えておいてくれ」

夜空の星を見ながら帽子の男は続けてこういった。

「このオトナリ島の名前には2つの意味がある。その1つはな、島のルールから来てんだ。この島に来た人間は皆〝お隣〟さんだ。隣人が困っていたらお互いに助け合う。俺たちはそうして集まったんだ。この島に上陸した時点でお前さんも俺たちにとって良き隣人ってわけだ。悪いようにはしねえよ」

そういって立ち上がり、帽子の男は浜辺の方に歩き立ち止まる。

「もうひとつの意味、知りたいか？」

「はい」と僕が答えると、帽子の男がニヤッと笑いその場で足を踏みしめる。

「キュッ！」

浜辺の砂から可愛らしい音がした。

「この砂浜の砂は音が鳴るんだ。これがもう1つの意味だ」

こちらを見て再びニヤッと笑う帽子の男。

「そういえば、俺は昔本気で音楽家を目指してた頃があってな。でも海に魅せられちまって俺は海賊の道を歩んだ。後悔はしてねえが、もしあのまま音楽一筋だったら……とたまに考えることがある。お前いい才能持ってると思うぞ」

先に船で待ってるといって帽子の男はその場から去ろうとした。

「待ってください！」

歩みを止める帽子の男。

「体験……体験入団でも……いいですか！」

その言葉を聞くとこちらを向いてニヤッと笑った。

翌日、日が昇ると同時に船の黒いドクロの旗も上がる。

「野郎ども！　出発だ！　錨をあげろ！」

「錨をあげろーーー！！！」

帽子の男……いや、船長に続き乗組員たちが声を上げる。その中には僕もいた。これからどうなるかは分からないけど、船長たちについていけば間違いない気がした。

「船長、今日はなんだか良い風が吹いてますぜェ！」

「あぁ、何か面白いモノを運んで来てくれそうだ」

……なんだかデジャブを感じた。コンパスを片手に舵を切る船長。いったいどこに向かってるのか見当もつかないが、乗組員たちは疑う様子もなくせっせと自分の仕事をしている。お互い信頼し合ってるからこそだ。僕は素直にこの関係が羨ましいと感じた。そしてその仲間に僕を入れてくれたことを光栄に思った。数時間海を漂っているとひげのおっさんが何か異変に気づく。

「船長、後方から船が近づいてきます！」

「何？」と言って望遠鏡で後方を見る船長。

「……風が厄介なモノを運んで来ちまったようだな。噂の海軍だ。お前ら！　戦闘準備だ！」

「アイアイサー！」と乗組員たちが大砲の準備をし始める。

「小僧、海賊としての初航海でこんなことに巻き込んじまってすまないな」

「いえ……自分で選んだ道ですから！」

そういって駆け足で僕も大砲の準備に参加する。海軍の船はどんどん距離を詰めてくる。いよいよ海賊船の隣に並ぶ。

「撃てーーー！！！」

船長の合図と共に大砲が発射される。テレビで聞いた時よりも遥かに迫力のある大砲の音で思わず腰が砕け、その場に転んでしまう。辺りに飛び散る木片が身体に当たって痛い。

「おい小僧ォ！　しっかりしやがれ！　戦いは始まったばかりだぞ！」

ひげのおっさんが僕に手を差し出す。

「これ持っとけ！」

僕の手に自分の腰に差してあった剣を握らせる。海軍の兵士たちが次々とロープを伝って船に侵入してくる。

「オラァ！　俺たちの船から……降りやがれェ！」

乗り込んでくる海軍たちを次々と蹴散らしていくひげのおっさん。ただの酒好きなひげのおっさんじゃなかったんだと感心した。

「小僧！　何ボーッとしてやがる、後ろだァ！」

ハッと後ろを振り返ると海軍の1人が僕に斬りかかろうとしていた。

「ぐっ……！」咄嗟に貰った剣でなんとか防ぐ。

「お前……やけに小奇麗な恰好をしているな？　本当に海賊か？」

斬りかかった海軍が冷笑する。

「俺は……俺はこの人たちのお隣さんだ！！！」

そういって斬りかかってきた海軍を思い切り押しのける。

「ウォラァアアアア！！！」

続けざまにひげのおっさんがタックルをかます。

「ヘッ……無口の割にやるじゃあねえか！　オラ、次行くぞォ！」

海軍の兵士たちに果敢に向かっていく乗組員たち。しかしながら戦況は若干僕たちが劣勢を強いられていた。

「船長！　このままだったら僕たち負けちゃいます！」

「小僧、音をあげるな。この先に希望はまだある」

そういって正面を指差す船長。その先には巨大な渦潮がぐるぐると蠢いていた。

「魔の黒渦潮、これに飲み込まれて生きて戻ったヤツはいない」

「でも……このまま進んだら僕たちも共倒れですよ！」

するとと船長はニヤッと笑う。

「その通りだ、だが俺たちは海の男。生き延びて見せるさ……なぁ、お前ら！」

乗組員たちもすでに覚悟を決めたようで、船長の掛け声に雄たけびを上げる。僕もそれに呼応して雄たけびを上げようとする。しかし、船長はそれを遮った。

「ただお前はダメだ」

「……え？　どうして？」

「ヘッ……体験入団者にこんな危険な目には遭わせられねェよ！」

後ろからひげのおっさんの声が聞こえたと思った次の瞬間、後頭部に強い衝撃を受ける。

「な……んで……」

クラッとして膝をつく。すると、ひげのおっさんは僕をかつぎあげ船に備え付けてあるイカダに乗せた。意識が朦朧とする中、船長が僕にこう言った。

「悪いな小僧、こんなお別れで。なぁに故郷にはいつか帰れる。海はどこまでも繋がってるからな。あばよ」

そういってニヤッと笑う船長。イカダが下ろされる。船からどんどん遠ざかっていく。そして僕のなんとか保っていた意識も深い深い闇の底に沈んでいった……。

目が覚めると僕は沈んだはずのボートの上だった。ボートに乗ってから数時間は経ったのか空には夕日が差していた。ボートには一切浸水していない。あれは夢だったのか。頬をつたう涙を拭う。

「キュッ!」っと聞き覚えのある可愛らしい音が靴から聞こえた。

急いで片方の靴を脱ぐとその中にはあの砂が入っていた。音の鳴る砂だ。僕は混乱しながらも貸出場までボートを漕いだ。

「あんた、5時間もボートで何してたんだい?」

不思議そうに尋ねる受付のおばさん。

「すみません！　なんか寝ちゃってたみたいで、追加料金……払います！」

何か驚いた様子のおばさん。

（そりゃそうか、ボートで寝る人なんて珍しいよな）

帰り道、歩きながら自分に起きた出来事を整理する。あれは夢だったのだろうか、気づくとマンションの前に到着していた。自分の部屋に差し掛かるとまだ隣の部屋からギターの音が鳴り響いていた。僕はまたインターホンを押した。演奏が止まりこちら側に向かってくる足音が聞こえる。もう逃げるもんかと意気込んでいると、ガチャっとドアノブが回る。

「……はい？」

「あ、あのギター！　ちょっとうるさすぎませ……」

なんと隣の部屋から出てきた男の顔はあの帽子の男、船長と瓜二つだった。

「船……長……？」

「はぁ？　船長？」

「生きてたんですね、船長ォ～！」

そういって隣の部屋に住む男に抱きつく。

「……は、はぁ?」

数ヶ月後……毎週土曜の昼間に放送している洋画特集番組。今日はある有名バンドの伝記映画だ。僕の部屋でその映画に夢中になっている隣人の姿がそこにはあった。

結論として、この隣人は船長ではなかった。僕が体験した海賊の話をした時もさっぱり分からないようで、もしかしたら先祖に関係があるんじゃないかと隣人に調べてもらった結果、先祖の日記に海賊に関係する物が出てきたのだ。それはまぎれもなく船長の日記だった。ページをめくると魔の黒渦潮や海軍と戦ったあの出来事が記されていた。恐る恐る次のページをめくると、そこには財宝の話や人魚の話、たくさんの冒険譚が記されていた。彼らは無事生き延びたのだ。この話をきっかけに僕と隣人は親しい友人関係になった。将来はミュージシャンを目指しているらしい。

実は今日、船長……いや隣人が僕にバンド仲間を紹介してくれるそうだ。どうやら随分と年上らしい……。最初は正直あの船に戻りたいとなんども湖に足を運んだ。でも今は違う。僕は僕の乗組員と一緒にこの現実世界という海原に錨を上げたのだ。

ぺいんと

1995年10月8日生まれ。YouTubeのチャンネル登録者数150万人を超えるゲーム実況者グループ『日常組』の編集兼にぎやかし担当。「マインクラフト」の実況動画が人気となり、現在はYouTubeを中心に活動している。

だから僕《ぼく》は大人《おとな》になれない

2021年9月8日　初版発行
2024年5月30日　18版発行

著　者　ぺいんと
発行者　山下 直久
発　行　株式会社KADOKAWA
〒102-8177　東京都千代田区富士見2-13-3
電話　0570-002-301(ナビダイヤル)
印刷所　TOPPAN株式会社

●お問い合わせ
https://www.kadokawa.co.jp/（「お問い合わせ」へお進みください）
※内容によっては、お答えできない場合があります。
※サポートは日本国内のみとさせていただきます。 ※Japanese text only

定価はカバーに表示してあります。

Printed in Japan　ISBN 978-4-04-896998-7　C0095

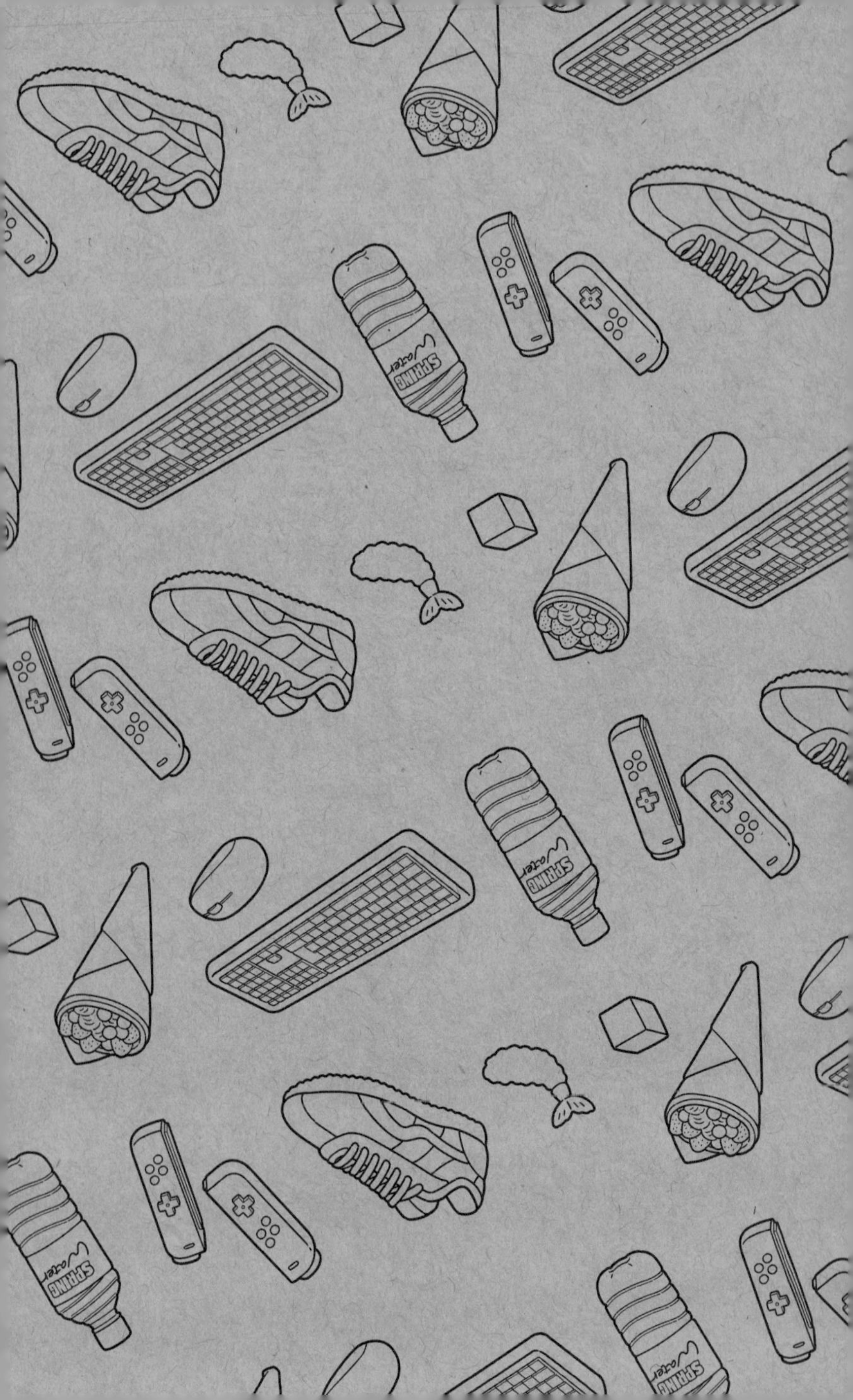
SPRING
water